HANS BÖHRINGER

GEBRAUCHSWERTOPTIMALE ERSPINNUNG VON CHEMIEFASERN

VERÖFFENTLICHUNGEN AUF DEM GEBIETE DER FASERSTOFF-FORSCHUNG UND TEXTILTECHNIK

NR. 8

HERAUSGEGEBEN
VON DEN INSTITUTEN FÜR FASERSTOFF-FORSCHUNG
UND FÜR TECHNOLOGIE DER FASERN
DER DEUTSCHEN AKADEMIE DER WISSENSCHAFTEN
ZU BERLIN

HERAUSGEBER
PROF. DR. ERICH CORRENS UND PROF. DR.-ING. WALTER FRENZEL

1957

AKADEMIE-VERLAG · BERLIN

GEBRAUCHSWERTOPTIMALE ERSPINNUNG VON CHEMIEFASERN

VON

DR.-ING. HANS BÖHRINGER

DIREKTOR DES INSTITUTS FÜR TEXTILTECHNOLOGIE
DER CHEMIEFASERN
RUDOLSTADT 2

1957

AKADEMIE-VERLAG · BERLIN

Erschienen im Akademie-Verlag GmbH., Berlin W 8, Mohrenstraße 39

Lizenz-Nr. 202 · 100/375/57

Gesamtherstellung: IV/2/14 · VEB Werkdruck Gräfenhainichen - 730

Bestell- und Verlagsnummer: 2049/8

Preis: 8,— DM

Printed in Germany

INHALTSVERZEICHNIS

Einleitung

Die gebrauchswertoptimale Erspinnung von Chemiefasern ist das in seiner Endkonsequenz noch ungelöste Kernproblem, das die Chemiefaserindustrie der ganzen Welt beschäftigt, das den Faserhersteller von Anfang an bewegte und das auch erst auf weite Sicht einer zufriedenstellenden Lösung entgegengeführt werden kann. Zunächst muß festgestellt werden, daß über den Begriff „Gebrauchswert" die Meinungen und Vorstellungen noch sehr weit auseinandergehen. Mithin müssen auch die Ansichten über eine zweckmäßige Herstellung künstlicher Fasern und Fäden geteilter Art sein. Dabei ist es allerdings notwendig, die sich mitunter widersprechenden Auffassungen zu koordinieren und diese in bestimmte Entwicklungsrichtungen zu lenken. Derartige Bestrebungen sollen an einigen markanten Beispielen kurz erläutert werden. Strapazierartikel wie Arbeitsanzüge, Sportstrümpfe, Miederwaren oder Schuhstoffe verlangen vorzugsweise eine hohe Scheuerfestigkeit und große Zähigkeit. Dagegen wird von Anzug- und Kostümstoffen weitgehende Formhaltung und Knitterechtheit gefordert. Bei Gardinen ist eine gute Lichtbeständigkeit erwünscht, Markisen benötigen zusätzliche Wetterbeständigkeit. Technische Artikel wie Reifencord müssen vor allem Ermüdungserscheinungen starken Widerstand bieten, sie sollen daher neben einem hohen Elastizitätsmodul ein ausgeprägtes elastisches Arbeitsvermögen aufweisen, dessen Wirkungsgrad möglichst den Grenzwert von 100 % erreicht. Filterstoffe erheischen je nach Verwendungszweck Säurebeständigkeit, Alkalibeständigkeit, Quellbeständigkeit, Hitzebeständigkeit. Fischnetze haben sich u. a. durch eine hohe Verrottungsbeständigkeit auszuzeichnen.

Diese wenigen Aufzählungen lassen klar die Vielseitigkeit des textilen Gebrauchswertes erkennen, der immer nur an eine eng begrenzte, zweckbedingte Güte gebunden sein kann. Die nachstehenden Betrachtungen spiegeln zunächst in einem ersten Abschnitt die Bemühungen der Kunstfaserindustrie um die allgemeine Entwicklung der Fasereigenschaften wieder. Ein zweiter Abschnitt ist speziell der Zentralfrage nach der günstigsten Verstreckung bei der Fasererspinnung gewidmet. In einem dritten, kürzeren Abschnitt wird die optimale Fasertextur behandelt.

1. Entwicklung der Fasereigenschaften

Der Chemiefaser erzeugenden Industrie gelang es um die Jahrhundertwende, eine Kunstseide auf Cellulosebasis zu entwickeln, die ihr Vorbild in der Naturseide hatte. Volkswirtschaftliche Bedeutung wurde diesem Faserstoff jedoch noch nicht zugemessen. Die ersten Ansätze, künstliche Cellulosefasern zu verspinnen, fielen in die Zeit des ersten Weltkrieges. Damals versuchte man, Kunstseide zweiter und dritter Sortierung, sogenannte Sekunda- und Tertiaware, auf bestimmte Stapellänge zu schneiden und die entsprechend aufbereitete Faser im normalen Spinnprozeß zu verarbeiten. Dieser Vorläufer der heutigen Zellwolle mußte naturgemäß eine Ablehnung erfahren, da man es noch nicht verstand, dem Produkt die notwendige Spinnstruktur zu verleihen bzw. die zur Verfügung stehenden Maschinen entsprechend umzustellen oder auch neu zu konstruieren. Erste Voraussetzung für eine Beimischung zu. natürlichen Faserstoffen war dabei auch die äußere Angleichung an diese Naturprodukte, d. h. die künstlichen Fasern in der gleichen Feinheit herzustellen und auf gleiche Faserlänge zu schneiden. Die ursprüngliche Stapelfaser hatte einen Einzeltiter von über 6 den., konnte daher bestenfalls für grobe Garne Verwendung finden. Erst als es in den 20er Jahren gelang, Fasern von 1 den. Feinheit zu erspinnen, zeigten sich die ersten Merkmale einer verheißungsvollen Entwicklung.

Der Baumwolle und Wolle entsprechend unterschied man bald die baumwollähnlichen oder B-Zellwollen mit feinerem Titer und kürzerem Stapel und die wollähnlichen oder W-Zellwollen mit grobem Titer und langem Stapel. Selbstverständlich war man bestrebt, auch die Fasersubstanzeigenschaften der Zellwollen denen der Naturprodukte anzugleichen. Inwieweit diese Bestrebungen erfolgreich waren, zeigen die Kraft-Längenänderungs-Diagramme Abb. 1. Hier wird die B-Zellwolle der Baumwolle weitgehend angeglichen.

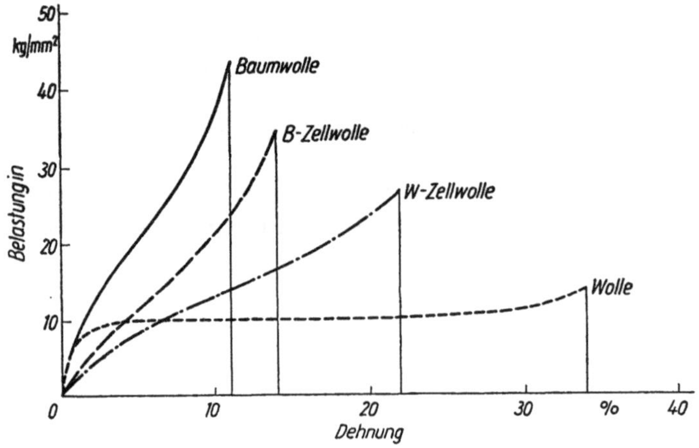

Abb. 1. Kraft-Längenänderungs-Diagramme

Dagegen weicht der Kurvenverlauf der W-Zellwolle von dem der Wolle insofern erheblich ab, als die W-Zellwolle die doppelte Festigkeit der Wolle aufweist, diese dagegen eine 1½fache höhere Dehnung gegenüber der W-Zellwolle besitzt. Eine weitere Angleichung der W-Zellwolle an die Wolle wäre ohne Schwierigkeiten möglich, wenn nicht gleichzeitig die Dehnungsempfindlichkeit der Regeneratfaser eine Steigerung erfahren würde.

Etwa 40 Jahre lang, von 1900—1940, hat man versucht, den Celluloseregeneratfasern eine immer höhere Festigkeit zu verleihen. Diese Entwicklungsrichtung kommt in Abb. 2 zum Ausdruck. Die außergewöhnliche Steigerung der Zugfestigkeit von 12 kg/mm² auf 50 kg/mm² in den Spitzenwerten ist auch heute noch nicht abgeschlossen, da man für spezielle technische Zwecke die Festigkeit weiter zu erhöhen versucht. Da mit der Zunahme der Trockenfestigkeit naturgemäß eine Verbesserung der Naßfestigkeit verbunden ist und diese bei bestimmten Spinnbedingungen rascher ansteigt, war man bemüht, die relative Naßfestigkeit wesentlich zu vergrößern. Es gelang auch, die relative Naßfestigkeit von früher 35 % über Normalwerte von 60 % in einzelnen Sondererzeugnissen bis auf 80 % zu erhöhen. Um das Jahr 1940 wurde die sog. hochnaßfeste Zellwolltype für den Einsatz in Wäscheartikeln in der Annahme propagiert, daß mit einer hohen Naßfestigkeit eine große Widerstandsfähigkeit gegen Wäscheverschleiß verbunden wäre. In dem Bestreben, diese Hochnaßfesttype der Baumwolle nicht nur in der Festigkeit, sondern auch in der Dehnung möglichst anzupassen, wurde diese durch starke Verstreckung während der Erspinnung herabgesetzt. Im übrigen versuchte man, durch Spezialmaßnahmen, insbesondere der Anwendung des Streckspinnverfahrens den im Zellstoff noch vorhandenen Polymerisationsgrad weitgehend zu erhalten. — Die um die Hochnaßfesttypen aufgestellten Arbeitshypothesen erwiesen sich jedoch als unrichtig, wie im Jahre 1943 erstmalig durch Tragversuchsergebnisse eindeutig festgestellt werden konnte. Hierüber wird in Abschnitt 2 ausführlicher berichtet.

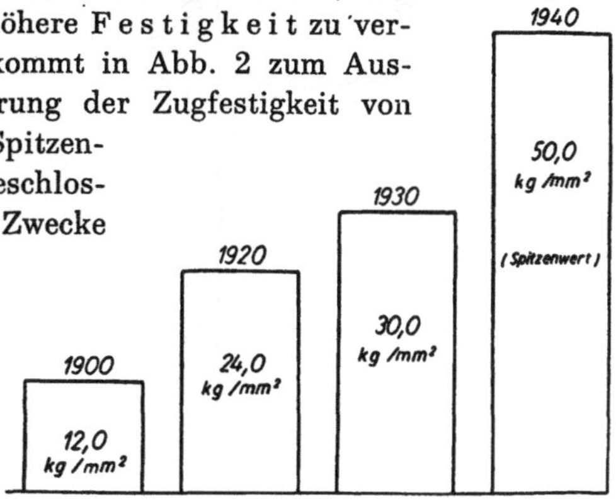

Abb. 2. Zugfestigkeit der Celluloseregeneratfasern

Die das Schafwollhaar besonders charakterisierende Kräuselung ahmte man bei Zellwollen sowohl auf chemischem als auch auf mechanischem Wege nach, da diese Eigenschaft in wesentlichem Maße zu der oft erwünschten Fülligkeit beiträgt, die einem Kleidungsstück ein gutes Wärmehaltungsvermögen verleiht. Auch in verarbeitungstechnischer Hinsicht stellt die Kräuselung einen Vorzug dar, da das Haftvermögen eines Vlieses und die Verzugsfähigkeit eines Bandes von dieser begünstigt wird. In der Weiterverarbeitung und in der Fertigware trägt die Kräuselung als Dehnungsreserve zum Ausgleich schädlicher Spannungen

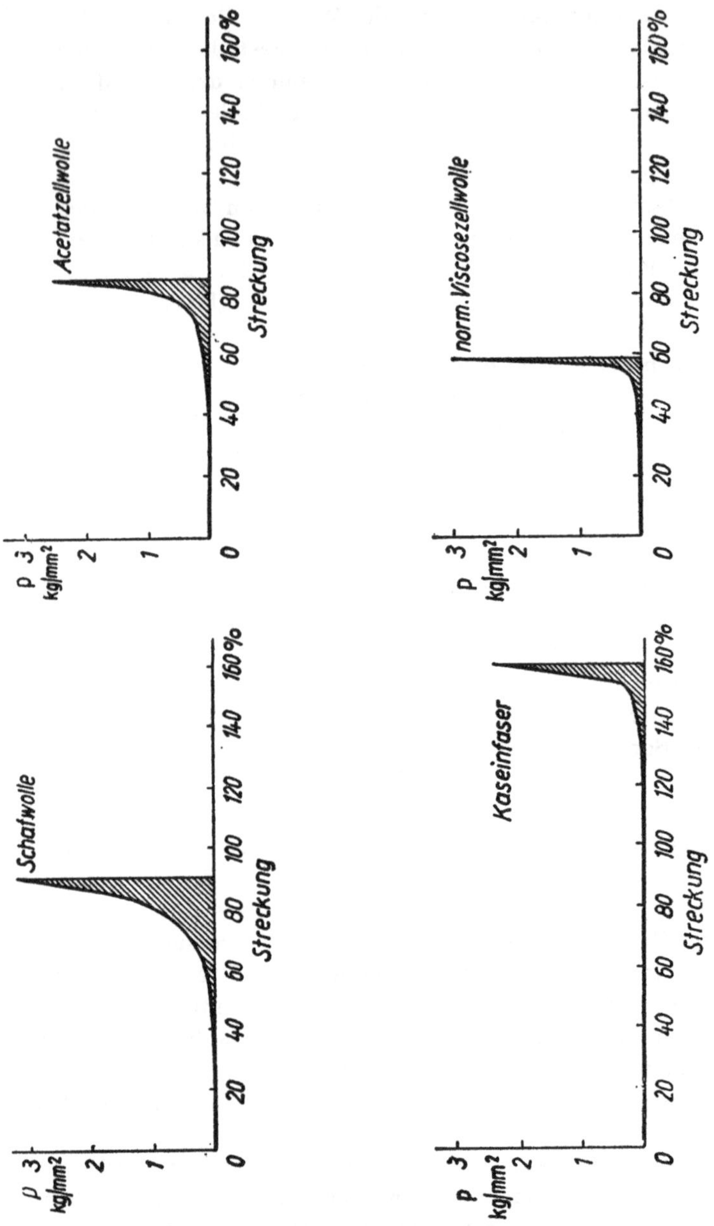

Abb. 3 Diagramme der Entkräuselungsarbeit

bei und erhöht somit den Gebrauchswert bzw. die Lebensdauer eines Textilartikels. Es fehlte nicht an Bemühungen, den Regeneratfasern aller Art eine wollähnliche Kräuselung zu verleihen. Wenn dabei auch die Kräuselungsstruktur in der gewünschten Intensität erreicht werden konnte, so ließ doch die Kräuselungsbeständigkeit stets zu wünschen übrig und ist auch gegenwärtig noch keineswegs zufriedenstellend. Als veranschaulichende Wiedergabe der Kräuselungsgröße schlechthin sind in Abb. 3 einige Diagramme der Entkräuselungsarbeit dargestellt. Im Vergleich zu Wolle sind hier Viskosezellwolle, Acetatzellwolle und Kaseinfaser gesetzt. Die erheblichen Unterschiede, die die einzelnen Faserarten unter sich aufweisen, sind offensichtlich, wobei die Schafwolle die Regeneratfasern stark überragt.

Die unerwünschte hohe und starke Quellung der Viskosefasern wurde mit Erfolg dadurch zurückgedrängt, daß man 1. durch chemische Umsetzung der Cellulose die Faser quellfest ausrüstete, 2. der Faseroberfläche wasserabweisende Eigenschaften verlieh und 3. die beiden Verfahren kombinierte. Abb. 4 läßt erkennen, inwieweit es gelungen ist, die starke Quellung der normalen Viskosefaser

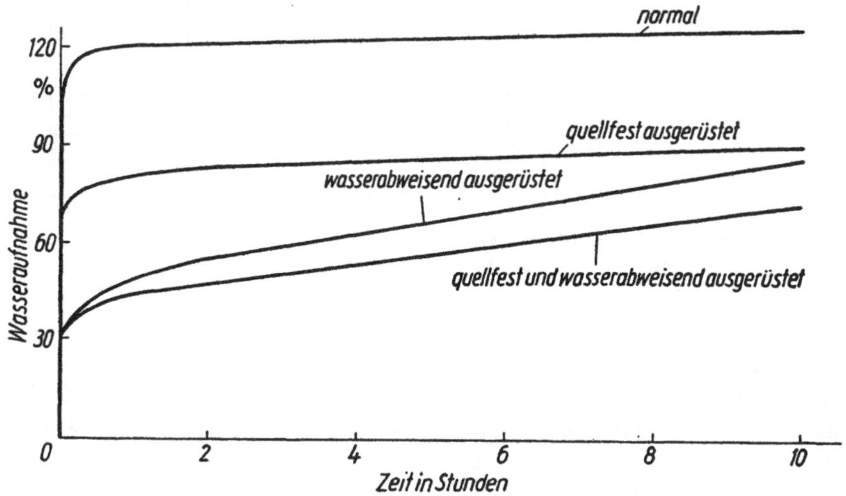

Abb. 4. Wasseraufnahme von Viskosezellwolle in Abhängigkeit von der Zeit

zurückzudrängen. Die Quellbarkeit kann hiernach unter die der Wolle und Baumwolle heruntergedrückt werden und die Geschwindigkeit der Wasseraufnahme wird ganz erheblich vermindert. — Nun ist bekannt, daß bei unsachgemäß gelenkter Quellfestausrüstung die Celluloseregeneratfaser leicht versprödet, eine Zustandsänderung, die u. a. in der Meßwertverminderung der Schlingenfestigkeit, Knickbruchfestigkeit und Scheuerfestigkeit zum Ausdruck gebracht werden kann. Die komplexe Größe des Gebrauchswertes wird jedoch dabei nicht erfaßt. Der Einfluß verschiedener Ausrüstungsverfahren auf den natürlichen Verschleiß von Herrenoberhemden soll beispielsweise an Hand von Tragversuchsergebnissen kurz aufgezeigt werden. Abb. 5 läßt erkennen, daß das normal auf Spannrahmen ausgerüstete Gewebe die geringste Haltbarkeit aufweist, während der sanforisierte Stoff durch weitgehende Entspannung eine beachtliche Gebrauchswerterhöhung erfährt. Durch die verschiedenen chemischen Behandlungen wurde im vorliegenden Falle durchweg eine Verbesserung erzielt; vier der Ver-

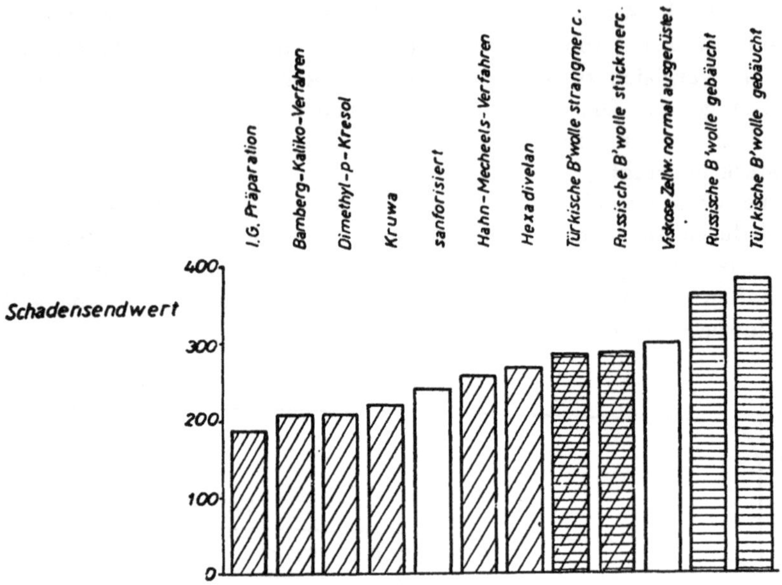

Abb. 5. Rangordnung einer Tragversuchsreihe mit Herrenoberhemden verschiedener Ausrüstungsverfahren

fahren ließen zum Teil erheblich noch den durch Sanforisage gesteigerten Gebrauchswert übertreffen.

Der geringe Gebrauchswert der Baumwolle gegenüber Zellwolle bei Herrenoberhemden mit gröberer Leinwandbindung wirkt überraschend. Als Ursache der geringeren Haltbarkeit der Baumwollhemden muß der Beuchprozeß angesehen werden, der mehr oder weniger sachgemäß geleitet, die Kutikula weitgehend zerstört. Eine Erhaltung des höheren Gebrauchswertes der Rohbaumwolle wird durch Mercerisieren erreicht, wie ebenfalls aus Abb. 5 hervorgeht.

An dieser Stelle sind auch die Knitterechtverfahren zu erwähnen, die meist mit der Quellfestausrüstung gekuppelt werden, sowie die „Animalisierung" der Celluloseregenerate durch Einlagerung stickstoffhaltiger Gruppen, wodurch die Ausfärbung von Wolle und Zellwolle in einem Bade möglich ist. Anfang der 40er Jahre ging man dazu über, vor allem Zellwollen auch spinngefärbt herzustellen, ein wesentlicher Fortschritt, mit dem eine besonders hohe Farbechtheit erzielt wurde. Auf gleichem Wege gelang auch die Einspinnung geeigneter Mattierungsmittel, die der an sich speckig glänzenden Faser einen dezenten Mattglanz verleihen.

Einen gewissen Mattcharakter konnte man ferner durch sinngemäße Gestaltung der Fasertextur erreichen, die sowohl in der Querschnittsform als auch in der Oberflächenbeschaffenheit abgewandelt wurde. Im Faserquerschnitt zeichnen sich gemäß Abb. 6 vier typische Formen ab. Es wurden jedoch sämtliche Übergänge von der rundlichen und keilförmigen über die gelappte Form bis zum bändchenförmigen Querschnitt entwickelt, wobei generell bemerkt werden kann, daß mit zunehmendem Völligkeitsgrad die Faser steifer, mit abnehmender Völligkeit lappiger wird. In analoger Weise wurde die Faseroberfläche variiert, von der in Abb. 7 einige Charakteristika dargestellt sind.

Die Nachbildung von Schuppen bezweckt vorwiegend eine gewisse Filz- und Walkfähigkeit. Mit der Oberflächennarbung wird eine starke Faserhaftung erzielt. Die Verwindungen als weitere Variante beeinflussen die Schmiegsamkeit einer Faser, während die Kannelierung meist spinntechnisch bedingt und auf keinen besonderen Verwendungszweck ausgerichtet ist. Der Vollständigkeit halber bedarf noch die Hohlfaser der Erwähnung, mit der größere Deckkraft und bessere Wärmehaltung angestrebt wird.

Selbstverständlich erfordern die verschiedenen Querschnittformen und Oberflächenstrukturen wie auch die Fasersubstanz selbst die Verwendung von Schmälzen und Avivagen, die die Faserflocke einwandfrei verspinnen und die Kunstseide in Wirkerei und Weberei ohne Schwierigkeiten verarbeiten lassen.

Trotz der großen Erfolge, die die Entwicklung der Kunstfaserindustrie in der Schaffung und Verbesserung der Cellulosehydrat-, Celluloseacetat- und Kaseinfaser aufzuweisen hatte, war es noch nicht gelungen, die Naturfasern Baumwolle, Schafwolle, Leinen und Naturseide in den entscheidenden Fasereigenschaften zu erreichen oder gar zu übertreffen. Dieser Triumph blieb den synthetischen Fasern vorbehalten, deren stürmische Entfaltung Ende der 30er Jahre einsetzte. Bis heute zeichnen sich die vier Hauptgruppen Polyamid, Polyester, Polyacrylnitril und Polyvinylchlorid ab, zu denen einige Mischpolymerisate und -kondensate treten. Jede dieser Gruppen besitzt typische und markante textile Eigenschaften, die die einzelnen Faserarten für bestimmte Verwendungszwecke prädestinieren. Neben den großen Vorzügen besitzen die synthetischen Fasern allerdings auch Nachteile, die bei einer objektiven Beurteilung Berücksichtigung finden müssen. So zeichnen sich die Polyamide durch hervorragende Festigkeit, Elastizität, Zähigkeit und Scheuerfestigkeit und geringstes spezifisches Gewicht aus, dagegen wirken sich die Glätte und Strukturlosigkeit der Fasern, der lappige Griff, die rasche Vernoppung im Faserverband und die geringe Lichtbeständigkeit nachteilig aus. Die Polyacrylnitrile dagegen besitzen beste Licht- und Wetterbeständigkeit, gute Bauschigkeit neben geringem spezifischem Gewicht, als Nachteile müssen jedoch leichte Anschmutzbarkeit, Sprödigkeit, mäßige Scheuerfestigkeit und geringe Farbaffinität genannt werden. Bei den Polyestern sind höchste Knitterfestigkeit, ausgezeichnete Formbeständigkeit, sowie gute Licht- und Wetterbeständigkeit hervorzuheben; entgegen stehen mäßige Scheuerfestigkeit und geringe Farbaffinität. Die Polyvinylchloride schließlich weisen höchste Säurebeständigkeit auf, während die niedrige Erweichungstemperatur zum Nachteil gereicht.

Die bisherigen Erörterungen über die Regeneratfasern und die synthetischen Fasern lassen erkennen, daß die Regenerate vorzugsweise in ihren Eigenschaften auf bestimmte Verwendungszwecke ausgerichtet wurden, während die Synthetika durch ihre charakteristischen chemischen und physikalischen Merkmale von Natur aus für gewisse Einsatzgebiete besondere Eignung besitzen. In dem hier behandelten Abschnitt über die Entwicklung der Fasereigenschaften war nicht beabsichtigt, eine erschöpfende Darstellung zu geben, es sollte lediglich eine Übersicht über die Marksteine der Forschung und des technischen Fortschrittes der Chemiefaserindustrie geboten werden.

2. Verstreckungsoptimum

Jahrzehntelang sah man in der Steigerung der Festigkeit durch erhöhte Verstreckung den bevorzugten Maßstab für die Qualitätsbeurteilung. Die zur Festigkeit sich gegenläufig verhaltende Dehnung blieb unberücksichtigt. In Abb. 8 ist die Festigkeit und Dehnung in Abhängigkeit von der Verstreckung schematisch

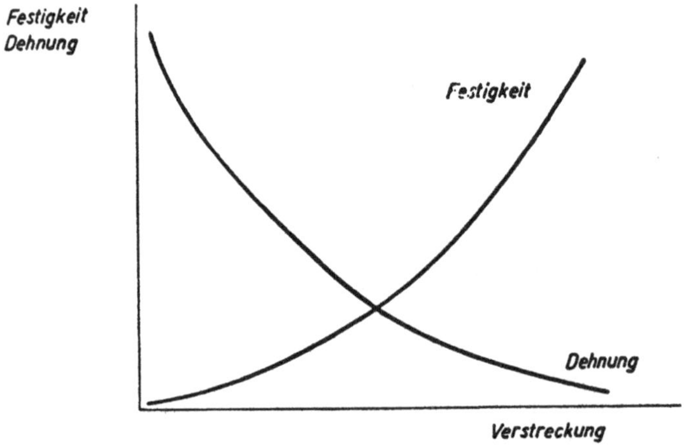

Abb. 8. Festigkeit und Dehnung als Funktion der Verstreckung

dargestellt. Aus dem Verlauf der Kurven geht lediglich hervor, daß mit zunehmender Verstreckung die Festigkeit stetig ansteigt, die Dehnung stetig sinkt und der Faden in statu nascendi bei einer Höchstverstreckung abreißen muß. Ein anderes Kriterium ist aus diesem Schaubild nicht erkennbar. Als man dann im Verlauf der Entwicklung zögernd feststellte, daß bei sehr hoher Verstreckung das Fasergut spröde wird, ging man in der Kunstseidenindustrie dazu über, aus dem Produkt von Festigkeit und Dehnung eine Qualitätsziffer zu bilden. Einen genaueren Wert gab später die Errechnung des Arbeitsvermögens beim Zugversuch, der jedoch nur wissenschaftlichen Untersuchungen diente. Die Großproduktion von Zellwolle gab erhöhten Ansporn zur qualitativen Verbesserung der Fasersubstanzeigenschaften. Dabei ging man von der Überlegung aus, daß gemäß Abb. 9 bei geringer Verstreckung ein flaches Arbeitsdiagramm, bei starker

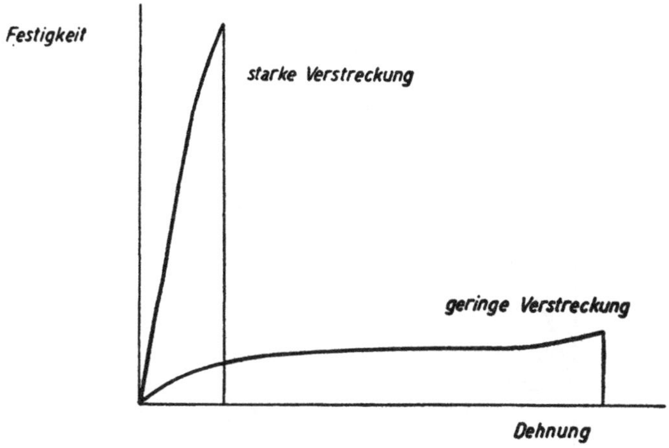

Abb. 9. Arbeitsdiagramme bei geringer und starker Verstreckung

Verstreckung ein steiles Schaubild resultiert und in beiden Fällen der ersponnenen Faser nur ein verhältnismäßig geringes Arbeitsvermögen zukommen kann, während bei einer dazwischenliegenden Verstreckung ein Gebilde mit wesentlich größerem Arbeitswert anfallen müßte. Bei einer mit Perlonseide durchgeführten Verstreckungsreihe ergab sich jedoch bei zunehmender Verstreckung ein fort-

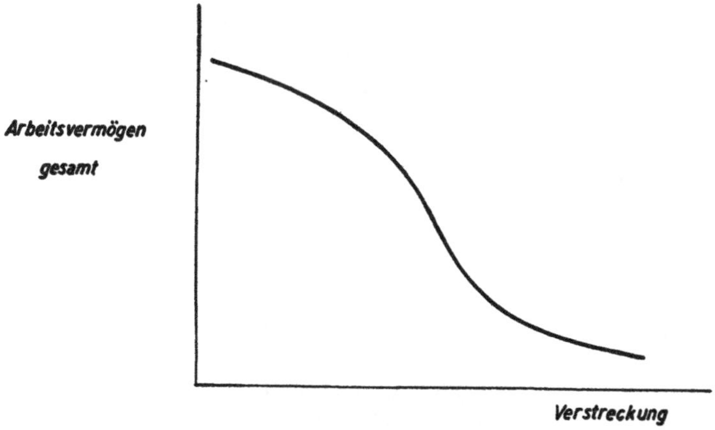

Abb. 10. Gesamtarbeit als Funktion der Verstreckung

schreitender Rückgang des Arbeitswertes, wie aus Abb. 10 ersichtlich ist. Zur Beantwortung der Frage, weshalb bei einem mittleren Verstreckungsgrad nicht das erwartete Maximum der Gesamtarbeit gefunden wurde, muß man die während des Verstreckungsvorganges aufgewendete Arbeit berücksichtigen, die mit der im Faden verbleibenden Restarbeit kombiniert werden muß. Die Verzugsarbeit kann naturgemäß nur mit Hilfe komplizierter Verfahren zahlenmäßig erfaßt werden.

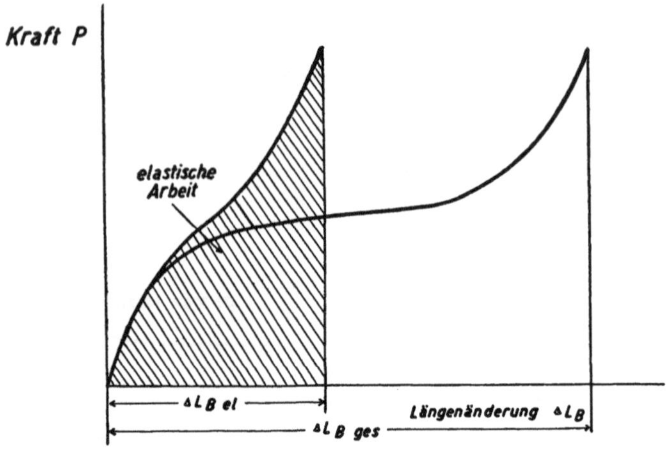

Abb. 11. Diagramm der elastischen und Gesamtarbeit

In diesem Zusammenhang hat man sich zu vergegenwärtigen, daß die im Faden nach der Verstreckung verbleibende Restarbeit ihrerseits als Gesamtarbeit aufgefaßt werden kann, die gemäß Abb. 11 einen elastischen Anteil enthält. Diese elastische Arbeit bleibt jedoch während des Verstreckungsvorganges im Faden verlustlos erhalten und somit kann nur ihr Meßwert als Kriterium dienen und ein Maximum bei einem mittleren Verstreckungsgrad ergeben. Tatsächlich werden bei der Prüfung einer Verstreckungsreihe entsprechende Meßwerte erhalten. Mit der oben erwähnten Verstreckungsreihe mit Perlonseide erhält man bei verschiedener Verstreckung die charakteristischen Größenverhältnisse nach Abb. 12. In

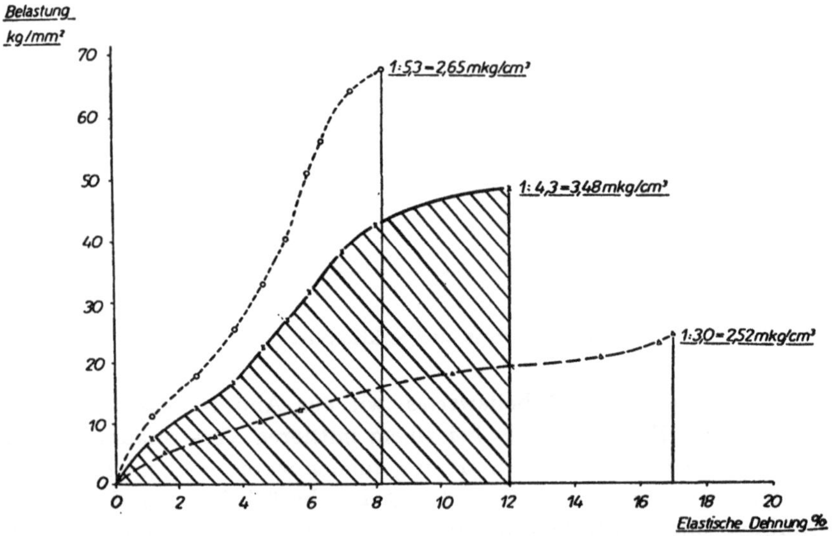

Abb. 12. Diagramme der elastischen Arbeit bei verschiedener Verstreckung

den Diagrammen der elastischen Arbeit, die für extreme Verstreckungen und das Verstreckungsverhältnis von 1 : 4,3 veranschaulicht sind, kommt bei dieser mittleren Verstreckung der Höchstwert für das elastische Arbeitsvermögen mit 3,48 mkg/cm³ durch das Maximum des Flächeninhaltes besonders sinnfällig zum Ausdruck. In Abb. 13 ist die elastische Arbeit nunmehr als Funktion der Ver-

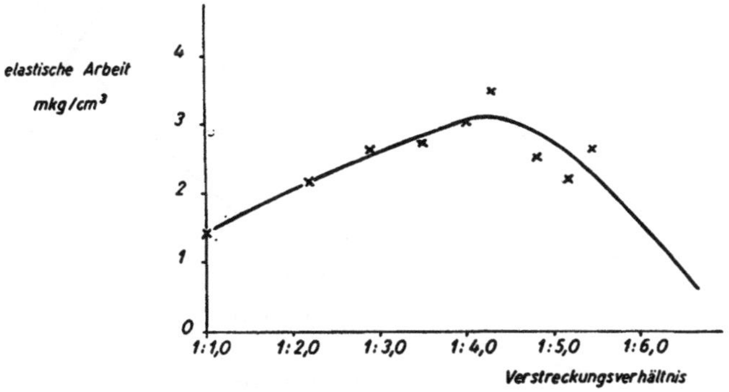

Abb. 13. Spezifische elastische Reißarbeit als Funktion der Verstreckung

streckung aufgetragen. Der Kurvenverlauf zeigt ein ausgeprägtes Maximum, das bei sachgemäß angelegten Verstreckungsreihen auch bei anderen Faserarten ermittelt werden konnte. Bereits in einer früheren Arbeit [1] wurde die Hypothese aufgestellt, daß dieses Maximum ein Kriterium für das Verstreckungsoptimum hinsichtlich der Lebensdauer und der Gebrauchstüchtigkeit von textilen Erzeugnissen bedeutet, wenn man unterstellt, daß das elastische Arbeitsvermögen als Oberbegriff der Materialelastizität generell gewertet wird und sich dabei vergegenwärtigt, daß mit wachsender Elastizität die Widerstandsfähigkeit nicht nur der toten Materie, sondern auch aller Lebewesen zunimmt.

Nach obiger Darlegung verbürgt das höchste elastische Arbeitsvermögen eines Faserstoffes seinen höchsten Gebrauchswert. Verfolgt man bei dieser Feststellung den Verlauf der Kurve der elastischen Arbeit in Abhängigkeit von der Verstreckung nach Abb. 13 und zieht dabei die Erkenntnis in den Kreis der Betrachtungen, nach der eine Chemiefaser bei starker Verstreckung versprödet, so kann man berechtigt folgern, daß nach Überschreiten des Kulminationspunktes die Zone der Überstreckung beginnt, in der mit weiterschreitender Verstreckung die Faser zunehmend verhärtet. In Abb. 8, in dem die Festigkeit und Dehnung als Funktion der Verstreckung aufgezeigt ist, läßt sich die Kurve der elastischen Arbeit zwanglos einfügen. Abb. 14 veranschaulicht diese neue Darstellungsweise, die nach voraufgegangenen Erörterungen als Schema zur Erspinnung gebrauchswertoptimaler Chemiefasern bezeichnet werden soll. In früheren Arbeiten [2] wurde dieses Schema bereits erwähnt. Fällt man vom Kulminationspunkt der Kurve der elastischen Arbeit das Lot auf die Abszisse, so kennzeichnet der so ermittelte Punkt den Verstreckungsgrad, der als Verstreckungsoptimum erklärt

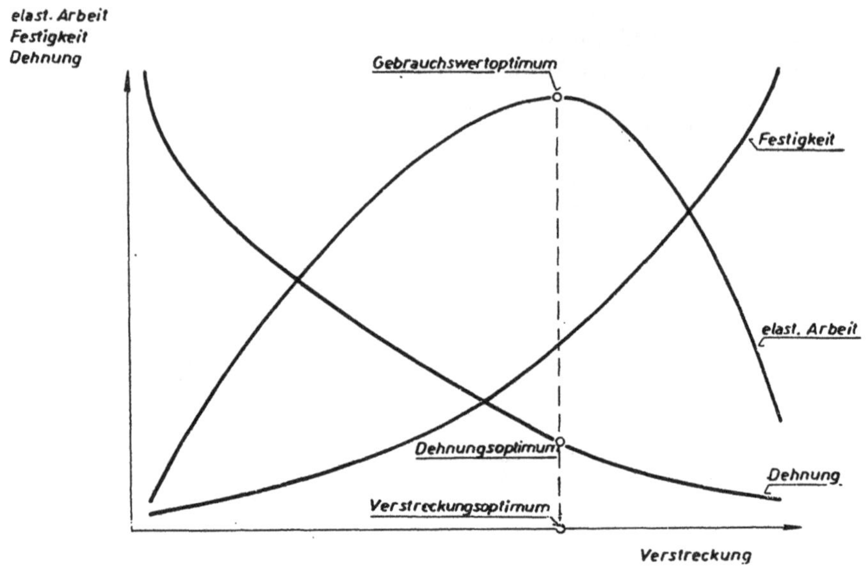

Abb. 14. Schema zur Erspinnung gebrauchswertoptimaler Chemiefasern

wird. Die Senkrechte schneidet die Dehnungskurve in einem charakteristischen Punkt, der mit Dehnungsoptimum bezeichnet werden soll. In der Kunstseidenindustrie wird immer wieder die Frage nach der günstigsten Dehnung aufgeworfen, die nach der Darstellung in Abb. 14 eine Beantwortung erfährt. Die Chemiefaserindustrie ist laufend bestrebt, gebrauchsoptimale Fasern arteigenen Gepräges zu entwickeln. Nach dem hier aufgestellten Schema wird dieser Zielsetzung voll entsprochen. Die Textilindustrie fordert ihrerseits Faserstoffe, die sich zunächst ohne Schwierigkeiten verarbeiten lassen, so beispielsweise für die Weberei Kunstseiden mit geringer Dehnung, für die Wirkerei solche mit hoher Dehnung, wobei der Warencharakter meist eine untergeordnete Rolle spielt und darüber hinaus der für den Konsumenten wichtige Gebrauchswert noch weniger erörtert wird. Hier muß die These aufgestellt werden, daß die Textilindustrie bestrebt sein muß, die arteigenen Chemiefasern einwandfrei zu verarbeiten und primär der Textilmaschinenbau sich zu bemühen hat, Konstruktionen zu entwickeln, die den Eigenschaften der Chemiefasererzeugnisse Rechnung tragen. Entsprechende Ansätze und Fortschritte zeichnen sich vielfach ab, sie sind jedoch gegenüber den Bestrebungen der Chemiefaserindustrie noch zu sehr im Rückstand. Selbstverständlich wird der Chemiefaserhersteller die Eigenschaften seiner Produkte auch auf

[1] Böhringer, H., Die wichtigsten physikalischen Eigenschaften von Perlonseide. Faserforschung und Textiltechnik 3 (1952) Nr. 10, S. 381/390.

[2] Böhringer, H., Textile Gebrauchswertprüfung VI. Faserforschung und Textiltechnik 5 (1954) Nr. 6, S. 242/253.

Textile Analyse der synthetischen Fasern. Faserforschung und Textiltechnik 6 (1955) Nr. 7, S. 314/328.

den Verwendungszweck ausrichten. Die Reifenindustrie z. B. fordert berechtigt eine Cordseide mit niedriger Dehnung bei möglichst voller Elastizität. Dabei soll das elastische Arbeitsvermögen, wie in der Einleitung bereits angedeutet, einen Höchstwert besitzen, da mit dieser Größe die Ermüdungserscheinungen steigen und fallen.

In das Schema zur Erspinnung gebrauchswertoptimaler Chemiefasern müssen sich, wenn es allgemeine Gültigkeit erhebt, sämtliche meßtechnischen Befunde der verschiedensten Art in irgendeiner Weise einbauen lassen. Hier soll nachstehend ein Beispiel gegeben werden. In Abb. 15 sind Tragversuchsergebnisse mit Herrenoberhemden aus Zellwollen dargestellt. In einer früheren Arbeit[3] wurde ausgeführt, daß Streckspinntypen einen geringeren Gebrauchswert als Müllerbadtypen besitzen und innerhalb der zweiten Gruppe, die stark verstreckten

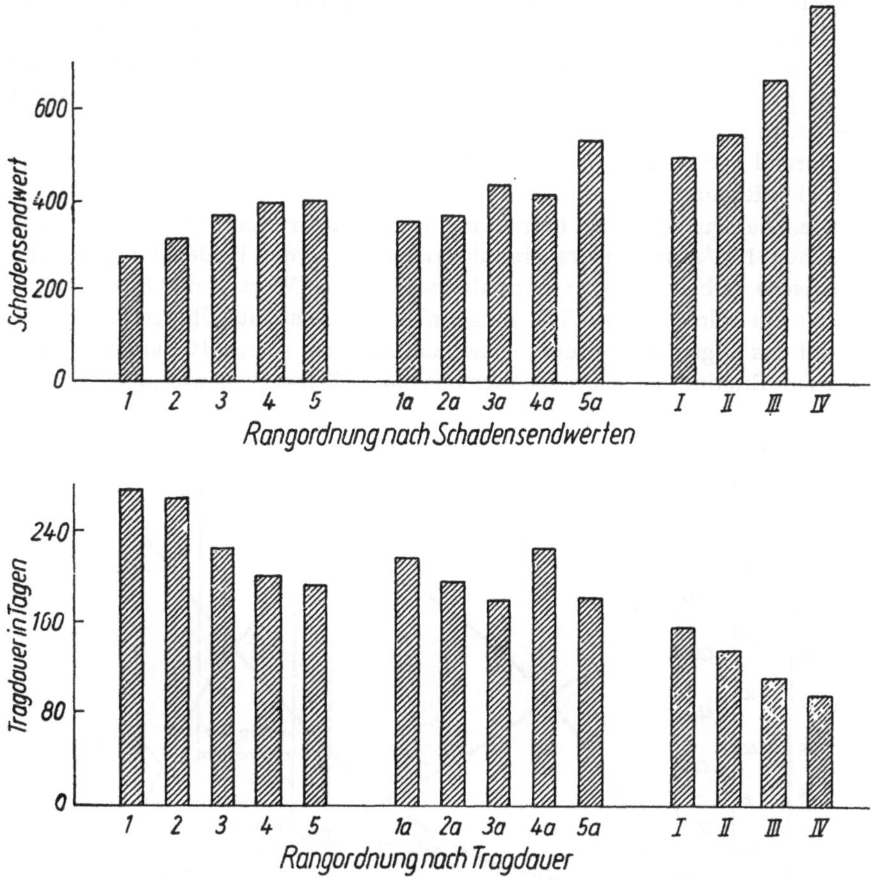

Abb. 15. Tragversuche mit Herrenoberhemden aus Zellwollen

[3] Böhringer, H., Gebrauchswertprüfung an Zellwollen. Kunstseide und Zellwolle 26 (1948) Nr. 8, S. 162/169.

Fasern, die sog. Hochnaßfesttypen, wieder gebrauchsuntüchtiger als ihre entsprechend normal verstreckten Faserarten sind. Diese Verhältnisse sind hier in zweifacher Weise zum Ausdruck gebracht. In der oberen Reihe ist die Rangordnung der drei Fasergruppen nach Schadenswerten, in der unteren Reihe nach Tragdauer geordnet. Man erkennt, daß die fünf normal verstreckten Typen einen kleineren Schadenswert und eine dementsprechend lange Tragdauer aufweisen. Die hochverstreckten Vergleichstypen zeigen wesentlich geringere Haltbarkeit, während die nach dem Trichterverfahren ersponnenen Streckspinntypen als ausgesprochen schlecht bezeichnet werden müssen. Die letzte Gruppe, bei der vorzugsweise ein hoher Polymerisationsgrad von 400 bis 500 Einheiten erhalten bleibt, im Gegensatz zu den Müllerbadfasern mit 250 bis 300 Einheiten, scheidet bei den weiteren Erörterungen aus, da sie infolge ihrer unterschiedlich gearteten Spinnstruktur nicht mit den Müllerbadtypen in Beziehung gesetzt werden kann. Es soll lediglich darauf hingewiesen werden, daß die frühere Auffassung, wonach mit zunehmendem Polymerisationsgrad der Gebrauchswert generell steigt, im Bereich der praktischen Erspinnung von Cellulosehydratfasern nach vorliegendem Tragversuchsergebnis nicht aufrecht erhalten werden kann.

Die normal verstreckten Müllerbadfasern weisen hier eine mittlere Festigkeit von 16,9 km Reißlänge auf, die hochverstreckten Typen besitzen dagegen 22,5 km Reißlänge. Die Bruchdehnung beträgt bei der ersten Gruppe 21 %, bei der zweiten Gruppe nur 16 %. Besonders charakterisiert sind die beiden Gruppen durch die elastische Arbeit, der für normalverstreckt ein Wert von 0,864, für hochverstreckt ein solcher von 0,772 mkg/cm^3 zugeordnet ist. Überträgt man diese Werte auf das allgemeine Spinnschema nach Abb. 14, so erhält man ein spezielles Schema zur Erspinnung gebrauchswertoptimaler Zellwollen, wie in Abb. 16 dargestellt.

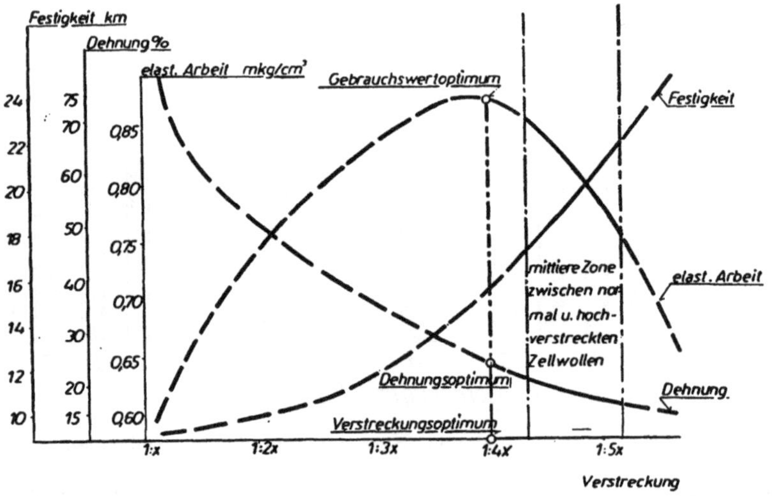

Abb. 16 Schema zur Erspinnung gebrauchswertoptimaler Zellwollen

In den Kurven der Reißlänge, Dehnung und elastischen Arbeit kommen die oben genannten Zahlenwerte dadurch zum Ausdruck, daß die als mittlere Zone zwischen normal und hochverstreckten Zellwollen gekennzeichneten Kurvenabschnitte in ausgezogenen Linien dargestellt wurden.

Dieses Diagramm läßt erkennen, daß nicht nur die hochverstreckten, sondern auch die normal verstreckten Zellwollen einem noch zu hohen Verzug bei der Erspinnung unterworfen worden waren. Dem Verstreckungsoptimum sind hier etwa folgende Richtwerte zugeordnet: Reißlänge 16 km, Bruchdehnung 25 %, elastische Arbeit 0,9 mkg/cm³. Bei Einsatz bester Rohstoffe und günstigen Fabrikationsbedingungen können diese Zahlenwerte, vor allem der elastischen Arbeit, naturgemäß noch verbessert werden.

In der genannten Tragversuchsreihe mit Herrenoberhemden, in der außer den 5 normal- und 5 hochverstreckten Zellwollen noch weitere 13 Zellwolltypen des Handels eingesetzt waren, wurden folgende Tragzeiten festgestellt:

beste Zellwolle	276	Tage
normal verstreckte Typen	232	„
hochverstreckte Typen	198	„
schlechteste Zellwolle	95	„
mittlere Tragdauer sämtlicher 23 Typen	204	„

Hiernach dürfte die beste Zellwolle nach dem Spinnschema etwa bei dem Verstreckungsoptimum hergestellt worden sein. In Auswertung dieser Zahlenunterlagen errechnet sich für die beste Zellwolle mit einer Tragdauer von 276 Tagen ein volkswirtschaftlicher Nutzen von 35 % gegenüber der durchschnittlichen Tragzeit von 204 Tagen.

Man könnte natürlich gegen die Zahlenangaben der elastischen Arbeit den Einwand erheben, daß aus den geringfügigen Meßwertunterschieden von 0,772 bis 0,864 mkg/cm³ keine derart große Differenz der Tragversuchsdauer konstruiert werden kann, zumal die Prüfdaten bei Cellulosehydraten um eine Zehnerpotenz niedriger liegen als bei Polyamiden. Es ist jedoch hierbei zu beachten, daß die Unterschiede in den Elastizitätswerten und in der Tragversuchsdauer sich etwa in gleicher prozentualer Größenordnung bewegen und von anderer Seite bisher kein anderer Anhaltspunkt für die Kennzeichnung des Verstreckungsoptimums gegeben worden ist.

Es ist interessant und aufschlußreich, die verschiedenen Chemiefasern in ihrer Verstreckbarkeit zu vergleichen und dabei das elastische Arbeitsvermögen als Funktion der Verstreckung darzustellen. In Abb. 17 sind diese Verhältnisse für Cellulosehydrate, Polyamide und Polyester veranschaulicht. Für eine reproduzierbare Vergleichbarkeit muß die Verstreckung auf den Spinnanfang, also auf die Düse bezogen werden. Erwartungsgemäß sind Cellulosehydrate (Müllerbadtypen) verhältnismäßig wenig verstreckbar, maximal etwa bis 1 : 3,0, wie im vergrößerten Maßstab deutlich sichtbar wird. Dagegen lassen sich die aus dem Schmelzfluß ersponnenen Synthetika bis zu einem rd. 500fachen Betrag ver-

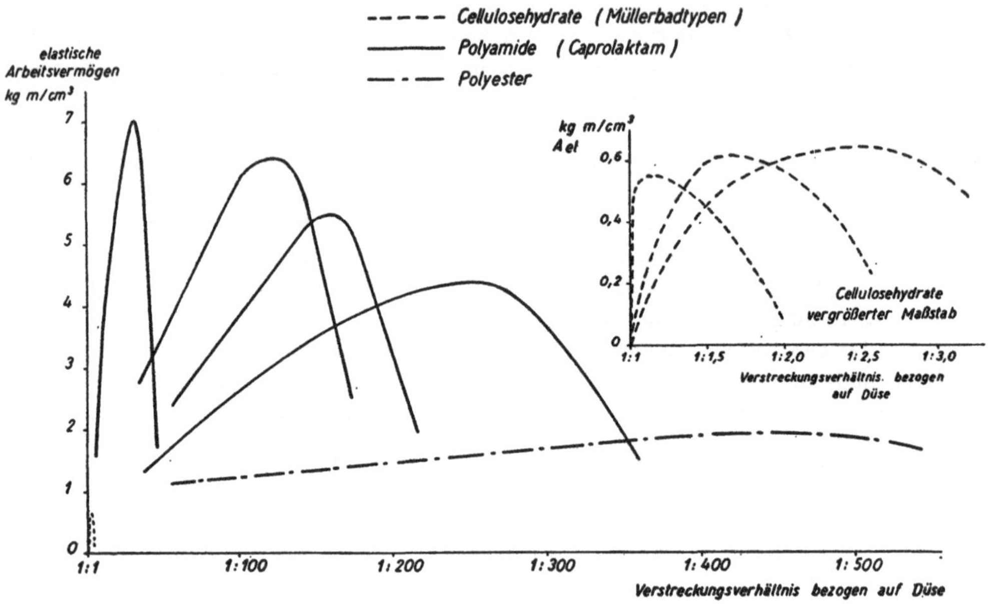

Abb. 17. Elastisches Arbeitsvermögen verschiedener Chemiefasern als Funktion der Verstreckung

strecken. Diese Verstreckbarkeit wird primär von der Spinntemperatur beeinflußt. Den bei höherer Temperatur ersponnenen Polyester gegenüber den Polyamiden ist daher auch ein höheres Verstreckverhältnis zugeordnet. Die Polyamide streuen ihrerseits über einen sehr weiten Bereich, der hier zwischen 1 : 40 und 1 : 350 liegt, wobei im Spinnschacht eine Vorverstreckung, auf der Streckmaschine die Nach(Kalt-)verstreckung erfolgte. Direkt aus dem Schmelzfluß völlig verstreckte Polyamide verlangen ebenfalls ein Verstreckverhältnis im Bereich von 1 : 500. Wählt man die Erstarrungsbedingungen derart, daß die Abkühlung als Verhältnis zwischen Volumen und Oberfläche eines Fadenelementes konstant gehalten wird, dann müssen aller Voraussicht nach z. B. die Kurven der Polyamide zusammenfallen. Das hier noch ungelöste Problem ist in der Form zu stellen, die Erstarrungsbedingungen optimal derart zu gestalten, daß das Kurvenmaximum der elastischen Arbeit Höchstwerte annimmt, für die als erreichbares Ziel ein Richtwert von 10 kgm/cm³ für Polyamide genannt wird.

Die Annahme, daß die Kurven des elastischen Arbeitsvermögens als Funktion der Verstreckung bei optimalen Erstarrungsbedingungen zusammenfallen, stützt sich auf röntgenographische Studien. Für Polycaprolactam wurde festgestellt, daß bei Kaltverstreckung die ursprünglich vorhandene hexagonale Kristallform stets im Bereich des Kurvenmaximums in die monokline Modifikation übergeht. Die Röntgeninterferenzen, die sich dabei ergeben, sind in Abb. 18 zusammengestellt. Die Perlon-Monofilseide war im Spinnschacht vorverstreckt. Die unter den einzelnen Aufnahmen angegebenen Verstreckverhältnisse entsprechen den Kaltverstreckungsstufen auf der Streckmaschine. Das Maximum des elastischen Arbeitsvermögens liegt bei 1 : 3,5; hier ist gerade im wesentlichen die beste Orientierung erreicht. Die Auswertung einer anderen Verstreckungsreihe wurde von HENKEL durchgeführt, der folgende Beschreibung gibt:

Mit steigender Kaltverstreckung von Perlonmaterial tritt eine Umwandlung von der hexagonalen zur monoklinen Kristallform auf. Dieses Phänomen ist röntgenographisch durch das Auftreten der Reflexe 200 und 020 (220) gekennzeichnet. Nimmt man als Maßzahl der Umwandlung das Verhältnis Sattelpunkt-Maximum dieser Reflexe, so ergibt sich der in Abb. 19 dargestellte Verlauf. Die

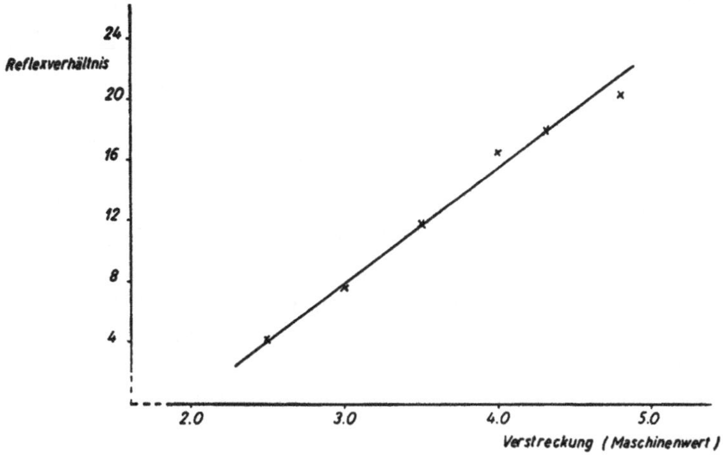

Abb. 19. Reflexverhältnis als Funktion der Verstreckung

Umwandlung beginnt also im wesentlichen bei einer Verstreckung etwa unterhalb der Verstreckung 1 : 2,5 und steigt innerhalb der Meßgenauigkeit linear an. Selbst bei der Verstreckung von 1 : 4,8 ist noch keine Tendenz einer Beendigung der Umwandlung feststellbar. Eine Einordnung dieses Ergebnisses in die einzelnen Phasen des Streckprozesses wäre folgendermaßen zu deuten: Die Verstreckung bis etwa 1 : 2,5 zehrt von den plastischen Reserven der amorphen Anteile. Die Orientierung der Kristallite erfolgt hierbei durch einfaches Eindrehen in die Zugrichtung. Ab 1 : 2,5 wird die Verstreckung durch einen anderen Mechanismus getragen. Beginnend mit den am schlechtesten orientierten Kristalliten findet ein Abbau nach der Vorstellung von BUNN und ALCOCK[4] und ein Wiederaufbau in einer Lage besserer Orientierung statt. Bei diesem Umbau erfolgt die Umwandlung „hexagonal-monoklin“. Die relative Änderung $\frac{\Delta H}{H}$ der Orientierung hat in der ersten Phase dieses Vorganges erwartungsgemäß einen maximalen Wert, wie in Abb. 20 veranschaulicht ist. Das Einsetzen der Umwandlung „hexagonal-monoklin“ gibt also einen ausgezeichneten Punkt bei der Verstreckung wieder,

[4] BUNN, C. W. und ALCOCK, T. C., Trans. Faraday Soc. 41, 317 (1945).

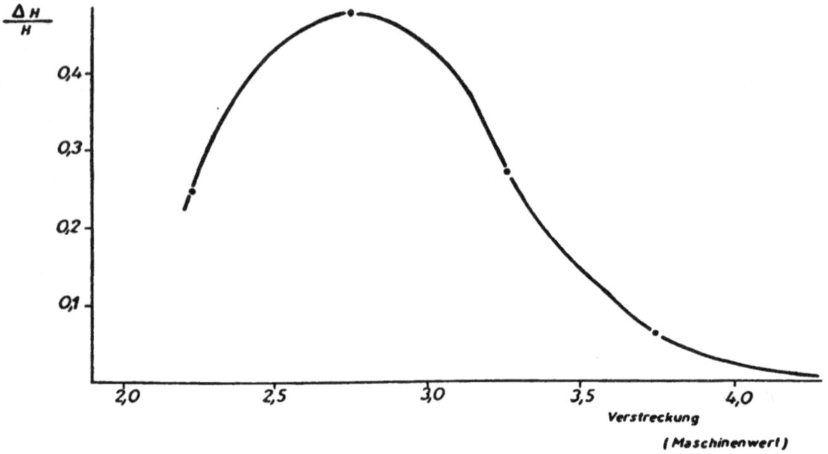

Abb. 20. Relative Änderung der Orientierung als Funktion der Verstreckung

bei dem die Vergütung der amorphen Bereiche im wesentlichen beendet ist (Hauptvergütung). Die weitere Verstreckung beeinflußt auch die Kristallite und müßte weiterhin vergütend wirken (monokline ist stabile Form, Nachvergütung); doch wird die maximale Orientierung bald erreicht, die zur Umwandlung erforderlichen Kräfte steigen an und gestalten die weitere Verstreckung durch Verspannungen und Schädigungen ungünstig. Eine scharfe Grenze kann jedoch allgemein nicht angegeben werden, da die Vorbehandlung und die Art der Verstreckung von Einfluß sind. Ebenfalls ist eine radiale Verstreckungsdifferenzierung zu berücksichtigen.

Diese wurde von De Riz, Schuller und Hauptmann[5] in einer neueren Arbeit ausführlich beschrieben. Bezugnehmend auf diese Angaben brachte Verfasser in

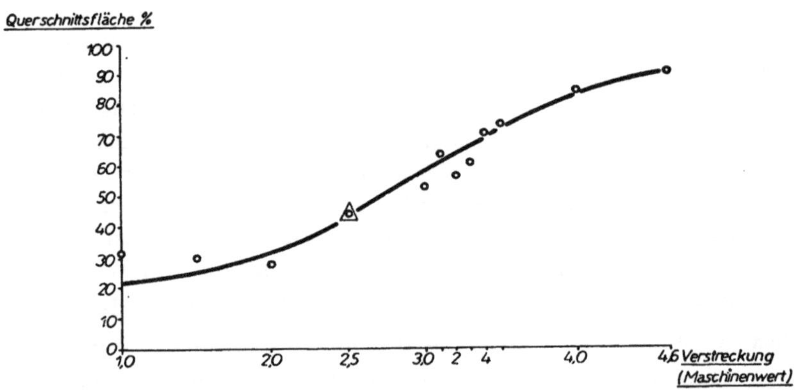

Abb. 21. Abhängigkeit der Mantelfläche vom Verstreckungsgrad

[5] De Riz, O., Schuller, E. und Hauptmann, B., Mikrotest zur Erkennung verstreckungsabhängiger, radial differenzierter Strukturbereiche bei Perlonseide. Faserforschung und Textiltechnik 6 (1955) Nr. 3, S. 123/129.

einer weiteren Abhandlung über „Textile Analyse der synthetischen Fasern" (a. a. O.) die Abhängigkeit der Mantelfläche vom Verstreckungsgrad gemäß Abb. 21 graphisch zum Ausdruck. Bildet man den 1. Differentialquotienten $\left(\frac{dM}{dV}\right)$

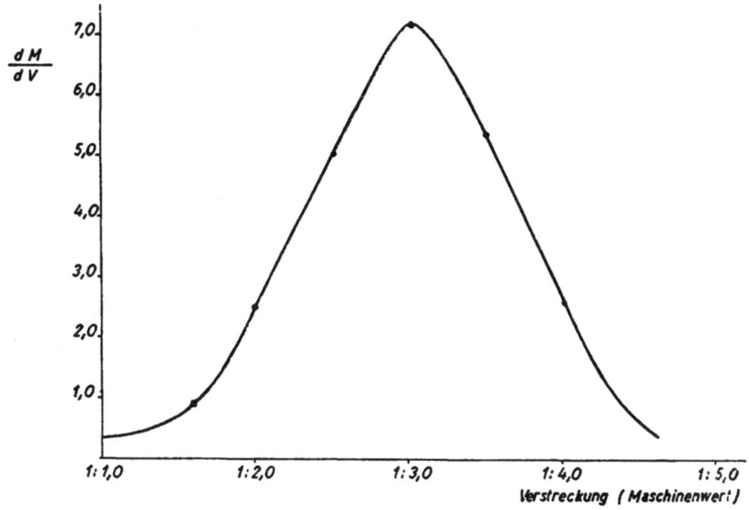

Abb. 22. Änderung des Mantelflächenanteils als Funktion der Verstreckung

dieser Funktion, so ergibt sich gemäß Abb. 22 ein Kurvenverlauf mit einem Maximum, analog der Darstellung der elastischen Arbeit sowie der relativen Änderung der Orientierung, beide als Funktion der Verstreckung.

Es ist somit gelungen, durch ein mechanisch-technologisches Prüfverfahren, eine röntgenographische Methode und einen chemischen Mikrotest einen ausgezeichneten Punkt zu ermitteln, der als Gebrauchswertoptimum bezeichnet wurde und dem sinngemäß ein bestimmtes Verstreckungsoptimum zugeordnet ist. Es war naheliegend, auch andere Textilprüfverfahren zur Feststellung dieses Punktes in Anwendung zu bringen. In der Gruppe der mechanisch-technologischen Meßmethoden sprechen die statischen Verfahren nicht an, was nicht verwundert, denn sie bieten bekanntlich auch keine Möglichkeit, den Gebrauchswert zu charakterisieren. Nach dem gegenwärtigen Stand der Erkenntnisse dürften dagegen die dynamischen Methoden erfolgversprechend sein. Hier ist u. a. an die Prüfung der Scheuerfestigkeit, der Ermüdung durch Wechselzugbeanspruchung, der Dauerbiegefestigkeit, der Splittrigkeit und mittels Ultraschall gedacht. Erste Anhaltspunkte zeichnen sich bereits ab.

Friedemann ist es mittels eines neuen Knickbruchfestigkeitsprüfers gelungen, eine dem elastischen Arbeitsvermögen analoge Beziehung zur Verstreckung zu finden. Aus der noch nicht veröffentlichten Arbeit ist Abb. 23 entnommen, in der die Knickbruchfestigkeit als Funktion der Verstreckung dargestellt ist. Weitere Untersuchungsreihen müssen diesen ersten Versuch allerdings noch stützen und bestätigen.

Nach den obigen Darlegungen ergibt sich für Polycaprolactam-Seide ein Schema, in dem nach Abb. 24 die Kristallitorientierung, die Änderung des Mantelflächenanteils, die elastische Arbeit und die Knickbruchfestigkeit als Funktion der Ver-

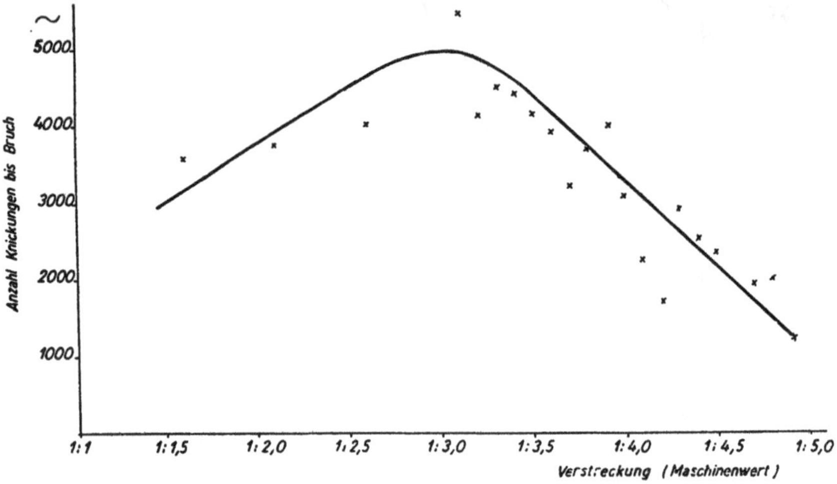

Abb. 23. Knickbruchfestigkeit als Funktion der Verstreckung

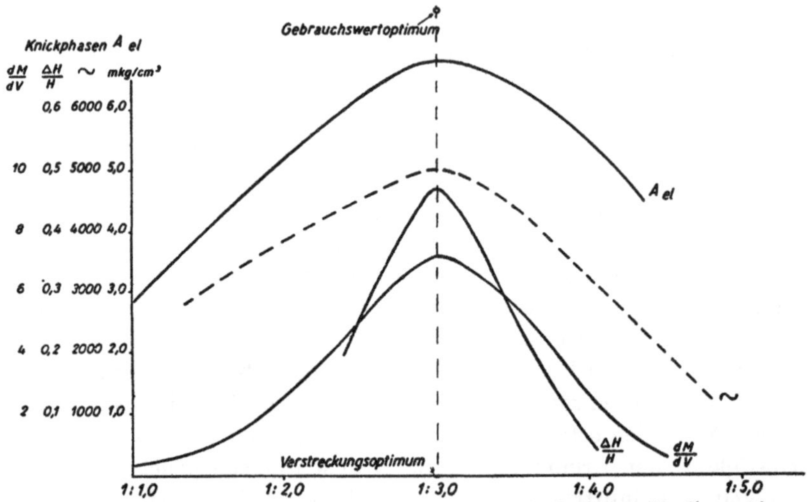

Abb. 24. Strukturabhängige Eigenschaften als Funktion der Verstreckung

streckung aufgetragen sind. Es ist beabsichtigt, noch weitere textile Meßgrößen in analogem Kurvenverlauf darzustellen, wobei der Stufe des Verstreckungsoptimums jeweils das Kurvenmaximum entspricht.

Zu der Beziehung zwischen dem elastischen Arbeitsvermögen und der Verstreckung soll noch ein kurzer Beitrag gegeben werden. Durch die Arbeit „Textile Analyse der synthetischen Fasern" (a. a..O.) wurde bekannt, daß beispielsweise bei Polycaprolactam-Seide durch den Fixierungsprozeß der Meßwert der elastischen Reißarbeit einen Rückgang erleidet und sich außerdem das Elastizitätsmaximum in Richtung geringerer Verstreckung verschiebt. Analoge Verhältnisse treten auf, wenn man eine Perlonseide zur Erzielung einer Oberflächenstrukturformung, auf die in Abschnitt 3 noch näher eingegangen wird. mit Zinkchloridlösung bei Zimmertemperatur und anschließend mit Wasser behandelt. In Abb. 25

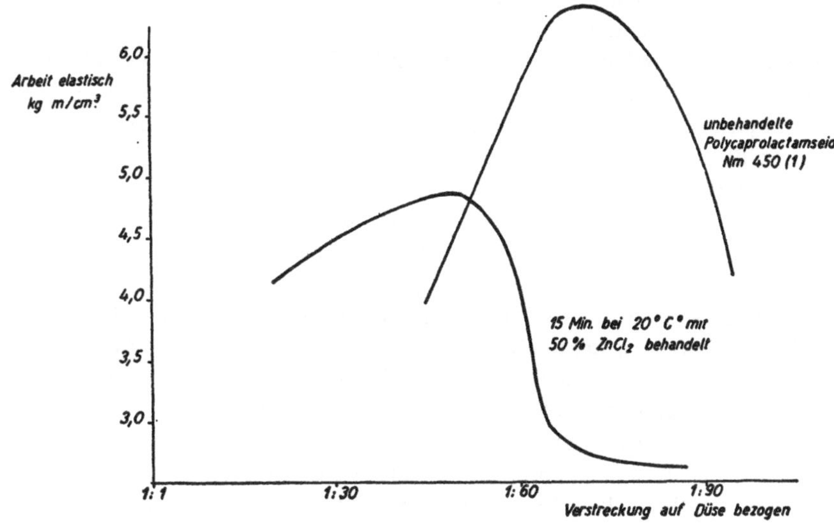

Abb. 25. Rückgang und Verschiebung des Elastizitätsmaximums durch Zinkchloridbehandlung

ist der Rückgang und die Verschiebung des Elastizitätsmaximums durch die Zinkchloridbehandlung ersichtlich. Dieser Sachverhalt läßt erkennen, daß die als chemische Fixierung anzusprechende Behandlung mit $ZnCl_2$ einen wesentlichen Einfluß auf die elastischen Eigenschaften ausübt, während Reißlänge und Bruchdehnung beispielsweise hier praktisch keine Änderung erfahren. Auch das innere Fasergefüge wird insofern beeinflußt, als die Kristallstruktur durch die Fixierung der stabilen monoklinen Modifikation zustrebt. In diesem Zusammenhang sollen künftig die Einflüsse der verschiedenen Fixierungsarten auf die Faserkonfiguration einer neuen Betrachtungsweise unterzogen werden.

3. Optimum der Fasertextur

Der Erörterung der Fasertextur soll ein besonderer Abschnitt eingeräumt werden, da die äußere Faserbeschaffenheit entscheidende Bedeutung für den Einsatz der Chemiefasern auf den verschiedenen Gebieten, vor allem des Bekleidungssektors hat. Es sind primär hier drei Entwicklungsrichtungen zu unterscheiden, die gekennzeichnet sind durch:

1. Querschnittsform,
2. Oberflächengestalt,
3. Lumengefüge.

In Abschnitt 1 wurden die hier obwaltenden Verhältnisse an Cellulosehydratfasern im Mikrobild aufgezeigt und kurz beschrieben. Nun ist bekannt, daß eine glatte und zylindrische Faser nicht nur verarbeitungstechnisch auf große Schwierigkeiten stößt, sondern auch durch ihren speckigen Glanz den Warencharakter negativ beeinflußt. Die Schiebefestigkeit der aus solchen Faserstoffen hergestellten Seidengewebe ist ungenügend. Gewebe und Gewirke aus Fasergarn derartiger Elemente neigen zu rascher Vernoppung; Feinwirkwaren aus endlosen Fäden weisen eine erhebliche Empfindlichkeit gegen Verzerrungen und Zugstellen auf, sofern die Fasersubstanz eine hohe Zähigkeit besitzt. Während diese Nachteile bei den Regeneratfasern heute eine untergeordnete Rolle spielen, da sie als überwunden gelten können, stehen sie für die Synthetika noch im Brennpunkt der Auseinandersetzungen. Im Vordergrund der Diskussion stehen hier die Polyamide, da die skizzierten Symptome bei dieser Fasergruppe am markantesten hervortreten. Aus diesem Grunde soll gerade bei den Polyamiden aufgezeigt werden, wie den synthetischen Fasern in der jüngsten Entwicklung eine sinnvolle Fasertextur verliehen worden ist. Im übrigen kann aus den nachstehenden Mikrobildern erkannt werden, daß es heute gelingt, ausgesprochene Modellfasern zu erspinnen, und zwar in beliebiger Feinheit. Die mikroskopischen Aufnahmen stammen ausnahmslos von Fasern der Feinheit Nm 3600 bis 6000.

Hinsichtlich der Querschnittsform zeigt zunächst Abb. 26 einen rundlichen Querschnitt, wie er für Fasern, die aus dem Schmelzfluß ersponnen sind, allgemein üblich ist. In Abb. 27 sind in Abwandlung der rundlichen Gestalt zitronen- und keilförmige Querschnitte enthalten, die auch abgeplattet auftreten können. In Abb. 28 werden ausgesprochene Profilquerschnitte in Sternform mit 5, 6, 8 und 10 Zacken dargestellt, die eine systematische Modellentwicklung bedeuten. Erstmalig wurde über derartige Fasern von BÖHRINGER und BOLLAND[6] im Vorjahr berichtet. Dem zweiten Autor[7] gelang es, Profilfasern durch speziell geartete Düsenformen in beliebiger Variation direkt aus dem Schmelzfluß zu er-

[6] BÖHRINGER, H., und BOLLAND, F., Synthetische Faseerstoffe mit profiliertem Querschnitt. Faserforschung und Textiltechnik 6 (1955), Nr. 5, S. 199/203.

[7] BOLLAND, F., Verfahren zum Verspinnen von Schmelzen aus synthetischen linearen Hochpolymeren, wie Polyamiden, Polyestern, Polyurethanen usw. DWP Nr. 11746 vom 26. 1. 1954.

spinnen. In Abb. 29 sind derartige Variationen aufgezeigt, die bändchen-, sichel- und bogenförmig gestaltet wurden. Nach dem gegenwärtigen Stand der Arbeiten scheincn die sternförmigen Querschnitte den endlosen Fäden vorbehalten zu sein, während die Bändchen- und Sichelform für Fasern günstigere Auswirkungen zeigen dürften.

Die Oberflächengestaltung der Fasern ist einerseits durch die Querschnittsform bestimmt, andererseits über geeignete Faserbehandlungen zu erreichen und zweckentsprechend zu beeinflussen. In Abb. 30 ist zunächst wieder die aus dem Schmelzfluß bisher normal ersponnene Faser mit glatter zylindrischer Oberfläche veranschaulicht. Abb. 31 läßt verschieden strukturierte Faseroberflächen erkennen. Während die kannelierten und gedrillten Oberflächen querschnittsbedingt sind, werden die genarbten Oberflächen durch eine meist chemische Faserbehandlung erhalten. Besonders erfolgreich ist hier ein von De Riz, Schuller, Jänsch und Hauptmann[8] geübtes Verfahren, wonach durch Behandlung mit Zinkchloridlösung bei Zimmertemperatur und anschließender Nachbehandlung mit Wasser eine Oberflächenstrukturformung erzielt wird, wie sie für textile Zwecke als äußerst günstig bezeichnet werden kann (s. auch „Textile Analyse der synthetischen Fasern", a. a. O.). Die intensive Querfältelung verleiht der Faser die notwendige Rauheit und einen dezenten Mattcharakter.

Das Lumengefüge bei Chemiefasern ist von besonderer Wichtigkeit. In jüngster Zeit ist es Behm[9] gelungen, synthetische Hohlfasern aus dem Schmelzfluß mit variiertem Lumen zu erspinnen. Bolland[10] hat darüber hinaus eine profilierte Lumenfaser ersponnen. In Abb. 32 sind entsprechende Faserquerschnitte mit verschieden starkem Lumen aufgezeigt, wobei der Schnitt 4 zusätzlich profiliert erscheint. Hier eröffnet sich eine weitere, noch nicht in den Einzelheiten festliegende Perspektive, die für die textilen Eigenschaften Fülligkeit, Bauschigkeit und Wärmehaltung bereits angedeutet sein möge.

Die in den Abbildungen 26 bis 32 wiedergegebenen Mikroaufnahmen stammen aus Versuchen auf Polyamidbasis. In Abb. 33 sind noch ergänzend Polyesterfasern mit rundem und bändchenförmigem Querschnitt, sowie mit Lumen dargestellt, die ebenfalls aus dem Schmelzfluß ersponnen sind.

Die Kombination von Querschnittsform, Oberflächengestalt und Lumengefüge ermöglicht die Schaffung folgender 7 Fasertexturen:

1. Profil,
2. Narbung,
3. Lumen,
4. Profil-Narbung,
5. Profil-Lumen,
6. Narbung-Lumen,
7. Profil-Narbung-Lumen.

---

[8] De Riz, O., Schuller, E., Jänsch, M. und Hauptmann. B., Verfahren zur Erzeugung einer genarbten Oberflächenstruktur und/oder einer dauerhaften Mattierung auf Formgebilden aus synthetischen linearen Hochpolymeren. Patent Nr. 10574 vom 15. 10. 1955.

[9] Behm, W., Verfahren zur Herstellung künstlicher Hohlfäden. Patentanmeldung vom 28. 10. 1955.

[10] Bolland, F., Düsenöffnung zur Erspinnung von Chemiefäden,- fasern, -bändchen und dergl. mit feinem Titer aus der Schmelze synthetischer Hochpolymere, Zusatzanmeldung vom 26.8.1955.

Da die Ausgangsformen Profil, Narbung und Lumen in sich beliebig variiert werden können, ist die Erspinnung gebrauchswertoptimaler Synthesefasern hinsichtlich einer sinnvollen Fasertextur gegeben.

Schlußbetrachtungen

Die Erörterungen über eine gebrauchswertoptimale Erspinnung von Chemiefasern stellten eine Reihe noch ungelöster Aufgaben in den Vordergrund und warfen Probleme auf, die noch einer kurzen Besprechung bedürfen. Aus der Gegenüberstellung der Vorteile und Nachteile, die die verschiedenen Faserarten in ihren Eigenschaften aufweisen, konnte einerseits auf die Erfolge hingewiesen werden, die die Chemiefaserindustrie im Laufe ihrer Entwicklungsgeschichte hatte, andererseits wurden Fehler und Lücken aufgezeigt, die einer Korrektur bedürfen, sowie auf notwendige Verbesserungen aufmerksam gemacht.

Das als Kernproblem angesprochene Verstreckungsoptimum, das naturgemäß für jede Fasertype einen arteigenen, bestimmten Verstreckungsgrad verlangt, wurde mit einem optimalen Gebrauchswert identifiziert und in diesem Zusammenhang ein Schema zur gebrauchswertoptimalen Erspinnung von Chemiefasern gegeben. An Hand dieses Schemas konnte an einem für Caprolactamseide aufgestellten Musterbeispiel gezeigt werden, daß einem ausgezeichneten Verstrekkungspunkt Eigenschaftshöchstwerte für das elastische Arbeitsvermögen und die Knickbruchfestigkeit entsprechen, die in der Faserfeinstruktur begründet sind. Für die Kristallitorientierung und die Änderung des Mantelflächenanteiles ergeben sich primär analoge Maxima, die, im Gesamtverhältnis betrachtet, ebenfalls als Optima angesprochen werden können. Es gilt jetzt, in der Weiterentwicklung die hier aufgezeigten Zusammenhänge auch auf andere Chemiefasern zu übertragen und zu studieren. Vor allem sind zunächst einwandfreie Verstreckungsreihen größter Gleichmäßigkeit zu erspinnen und an diesem Versuchsmaterial alle nötigen Untersuchungen zur Gebrauchswertermittlung durchzuführen. Besonders wichtig und interessant werden zuerst die röntgenographischen Arbeiten sein, aus denen die typische Gebrauchswertstruktur für die verschiedenen Faserarten hervorzugehen hat. Da die Röntgenographie allerdings nur den amorphen und den kristallinen Anteil in der Faser quantitativ zu erfassen ermöglicht, müssen zusätzlich infrarot-spektroskopische Untersuchungen einbezogen werden, wonach mit Hilfe polarisierten infraroten Lichtes die Ausrichtung der einzelnen chemischen Gruppen eines Moleküls im Raume festgelegt werden kann. Spannungsuntersuchungen auf Basis der Doppelbrechung sind ergänzend durchzuführen. Ferner sind die dynamischen Prüfmethoden raschestens auszuentwickeln, um zu charakteristischen und gesicherten Meßwerten zu gelangen. Nicht zuletzt sind biologische Untersuchungsmethoden zu schaffen, die ergänzend die Gebrauchswertvoraussage der dynamischen Prüfdaten stützen. Die auf apparativer Grundlage ermittelten Untersuchungsergebnisse müssen durch systematisch angelegte Tragversuche untermauert werden, in denen die aus den Verstreckungsreihen ersponnenen Versuchspartien im praktischen Einsatz zur Erprobung gelangen.

Die gebrauchswertoptimale Fasertextur ist über die Kombination Querschnittsform — Oberflächengestalt — Lumengefüge zu entwickeln. In diesem Zusammenhang ist auch eine Verbesserung der Kräuselungsbeständigkeit der Chemiefasern, insbesondere der Cellulosehydrat- und der Polyamidfasern, anzustreben, sowie deren Standfestigkeit, für die noch eine auch theoretisch zufriedenstellende Prüfmethode geschaffen werden muß.

Verschleißfestere und knitterechte Zellwollen werden nach wie vor gefordert, wobei die Arbeiten der Quellfest- und Knitterausrüstung im Sinne der Erhaltung der Fasersubstanzgüte hinsichtlich Schmiegsamkeit und Biegeelastizität zu führen sind. Bei Polyamiden ist der lappige Griff, die rasche Vernoppung, die geringe Lichtbeständigkeit zu beheben, die Polyacrylnitrile verlangen eine höhere Scheuer- und Biegefestigkeit, Beseitigung der leichten Anschmutzung und größere Farbstoffaffinität, die auch von den Polyestern gefordert wird. Schließlich ist bei den Polyvinylchloriden eine höhere Erweichungstemperatur erwünscht.

Die bisherigen erfolgreichen Bemühungen der Chemiefaserindustrie sind ein Garant dafür, daß auch die gebrauchswertoptimale Erspinnung ihrer Erzeugnisse in konsequentem Weiterstreben Verwirklichung finden wird.

Zusammenfassung

Einleitend wird darauf hingewiesen, daß die gebrauchswertoptimale Erspinnung von Chemiefasern das noch ungelöste Kernproblem darstellt, das die Chemiefaserindustrie der ganzen Welt bewegt. Da die Meinungen über den Begriff Gebrauchswert noch auseinander gehen, müssen die sich noch widersprechenden Auffassungen koordiniert werden. Bestrebungen dieser Art werden an einigen markanten Beispielen erläutert.

In einem ersten Abschnitt wird die bisherige Entwicklung der Fasereigenschaften behandelt. Ausgehend von den Cellulosehydratfasern erfuhr die Festigkeit eine Steigerung auf Kosten der sich bei der Verstreckung gegenläufig verhaltenden Dehnung. Die für die Erspinnung der sog. Hochnaßfesttypen aufgestellten Hypothesen werden an Hand von Tragversuchsergebnissen widerlegt. Auf weitere Fasereigenschaften wie Kräuselung, Quellung, Quellfestigkeit, Knitterfreiheit, Animalisierung, Spinnfärbung und Mattierung wird kurz eingegangen. Außerdem stehen Querschnittsform, Beschaffenheit der Faseroberfläche und der Einfluß von Schmälzen und Avivagen zur Erörterung. Mit der Besprechung der Vor- und Nachteile der synthetischen Fasern schließt dieses Kapitel.

Ein zweiter Abschnitt ist den ausführlicheren Betrachtungen über das Verstreckungsoptimum vorbehalten, das das Zentralproblem des Chemiefasererzeugers darstellt. Die Annahme, daß zwischen extrem niedriger und extrem hoher Verstreckung ein optimaler Verstreckungsgrad liegen muß, bestätigt sich mittels des Meßwertes des elastischen Arbeitsvermögens. Die elastische Arbeit als Funktion der Verstreckung weist bei einem ausgezeichneten Verstreckungspunkt ein prägnantes Maximum auf, das als Gebrauchswertoptimum analog dem Verstreckungsoptimum bezeichnet wird. Ein Schema zur gebrauchswertoptimalen Erspinnung von Chemiefasern ist aufgestellt, das auf Tragversuchsergebnisse mit Herrenoberhemden aus Cellulosehydratfasern übertragen wird. Die elastische Arbeit als Funktion der Verstreckung erfährt für verschiedene Fasergruppen (Cellulosehydrate, Polyamide, Polyester) eine vergleichende Darstellung, aus der für eine optimale Fasererspinnung Schlüsse gezogen werden. Analoges Verhalten zum elastischen Arbeitsvermögen als Funktion der Verstreckung zeigen die Kristallitorientierung, die Änderung des Mantelflächenanteils und die Knickbruchfestigkeit bei Polycaprolactamseide.

In einem dritten Abschnitt über das Optimum der Fasertextur stehen Querschnittsform, Oberflächengestalt und Lumengefüge der Synthetika zur Erörterung. Die heute mögliche Erzeugung von Modellfasern der Feinheit Nm 3600 bis 6000 wird durch systematische Darstellung profilierter Querschnitte bewiesen. Die Oberflächenstrukturformung durch Faserbehandlung mit Zinkchlorid veranschaulichen Faserlängsaufnahmen im Mikrobild. Neuartig wirkt die Lumenbildung von aus dem Schmelzfluß ersponnenen synthetischen Fasern. Durch Kombination der drei Ausgangsformen Profil, Narbung und Lumen und Variation dieser Prototypen ist die Erspinnung einer optimalen, sinnvollen Fasertextur für jeden Verwendungszweck gegeben.

Eine Schlußbetrachtung stellt die noch ungelösten Aufgaben und Probleme um die gebrauchswertoptimale Fasererspinnung heraus. Es wird empfohlen, ein für Caprolactamseide aufgestelltes Musterbeispiel, in dem die Kristallitorientierung, die Änderung des Mantelflächenanteils, das elastische Arbeitsvermögen und die Knickbruchfestigkeit als Funktion der Verstreckung mit einem jeweiligen Maximalwert bei einem gemeinsamen, ausgezeichneten Verstreckungspunkt, dem Verstreckungsoptimum, dargestellt ist, auf andere Chemiefasern zu übertragen. Die Verbesserung wichtiger Fasereigenschaften wird schwerpunktmäßig gestreift.

Bemerkung

Meine Mitarbeiter, die Herren Betr.-Ing. Behm, Text.-Ing. Bolland, Text.-Ing. Friedemann, Gewerbestudienrat Hauptmann, Dipl.-Phys. Henkel und Ing.-Chem. Schuller unterstützten mich tatkräftig bei der Arbeit. Es sei ihnen hierfür an dieser Stelle herzlich gedankt.

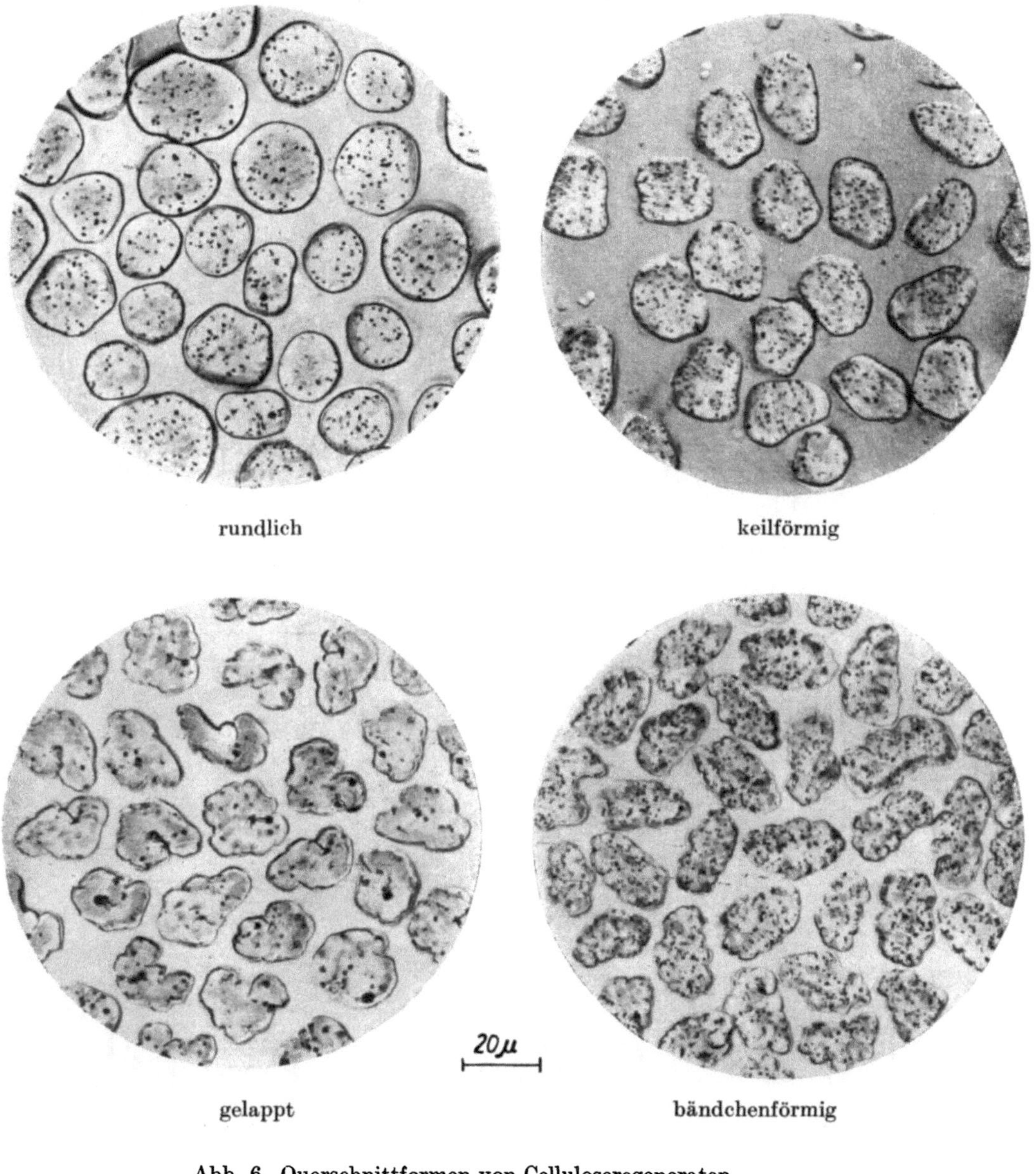

rundlich — keilförmig

gelappt — bändchenförmig

Abb. 6. Querschnittformen von Celluloseregeneraten

Tafel 2

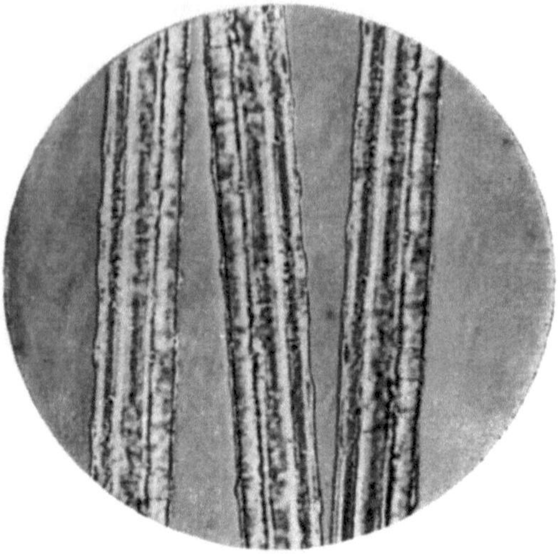

Schuppen

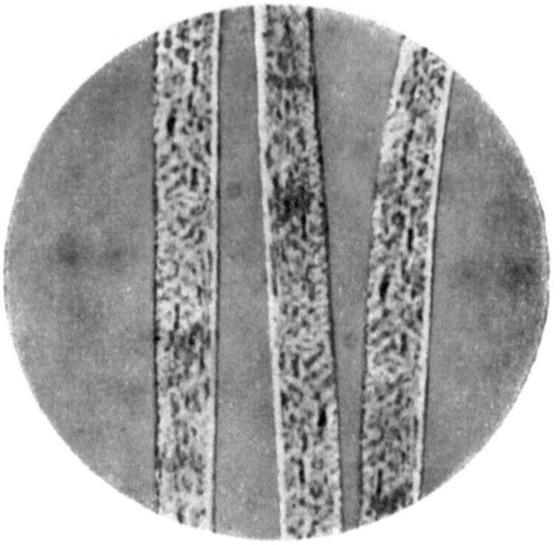

Narben

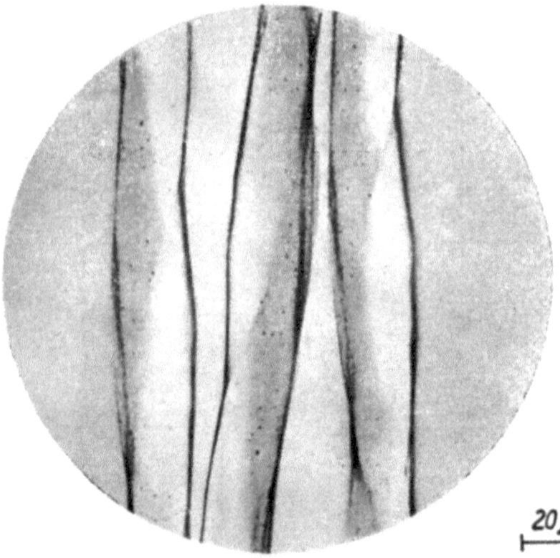

Verwindungen

20 μ

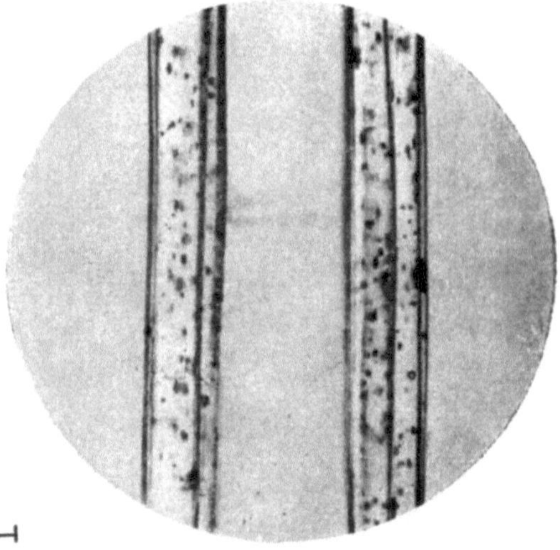

Längsstreifen

Abb. 7. Oberflächenstrukturen von Celluloseregeneraten

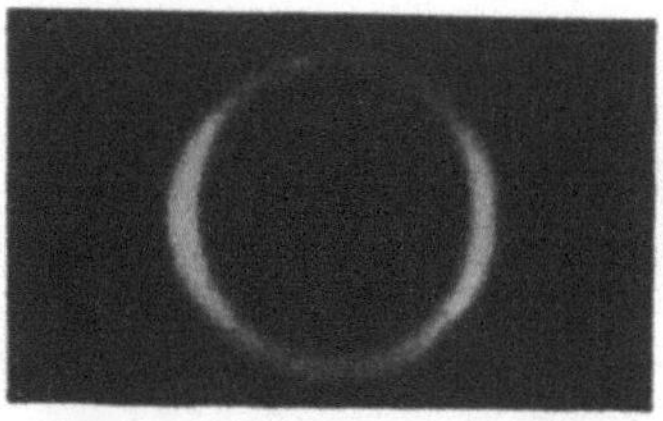

Verstr 1:1

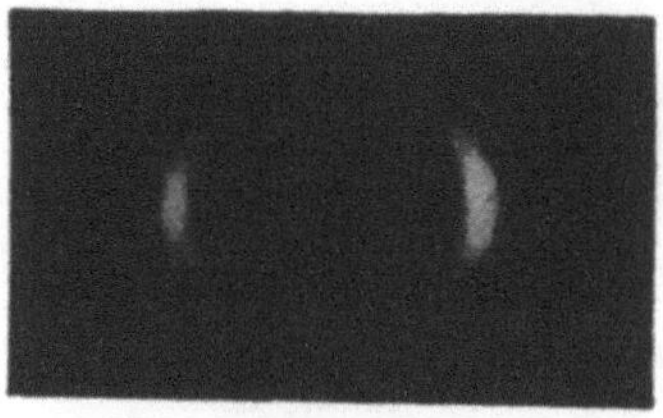

Verstr 1:1,5

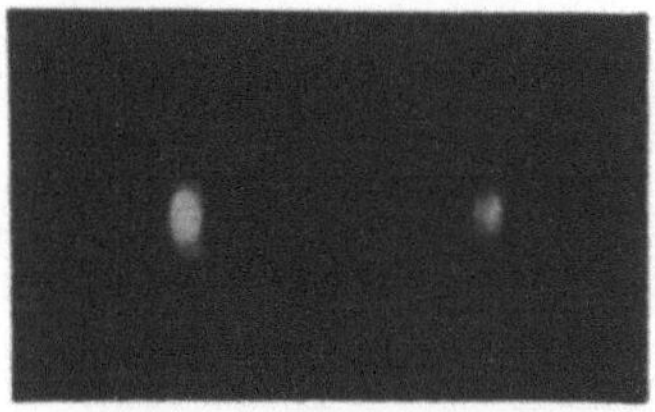

Verstr. 1:2

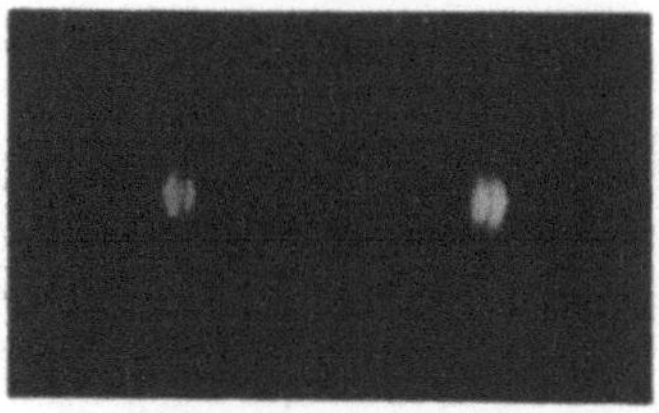

Verstr. 1:2,5

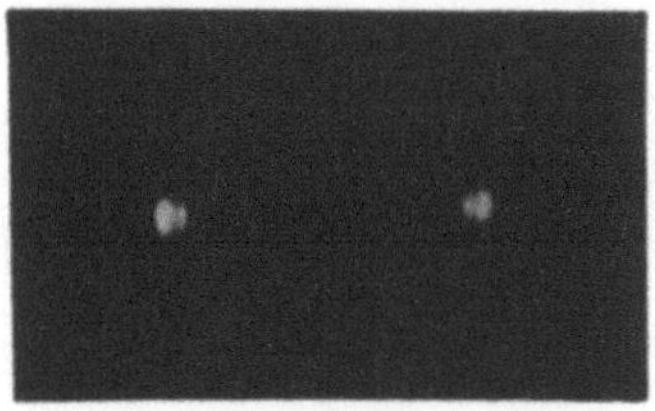

Verstr. 1:3

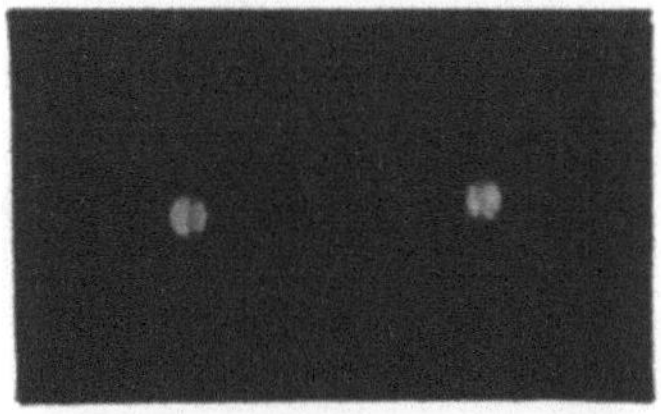

Verstr. 1:3,2

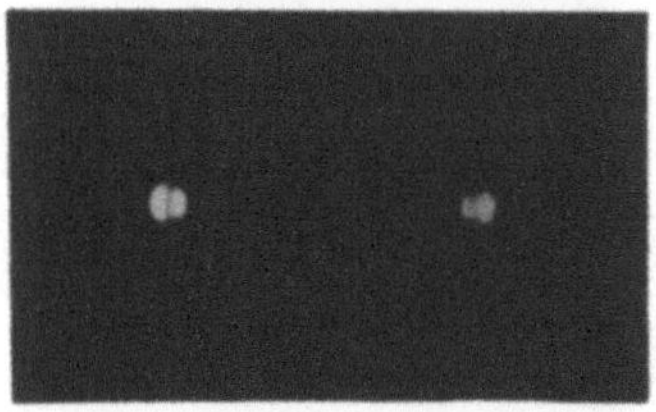

Verstr 1:3,5

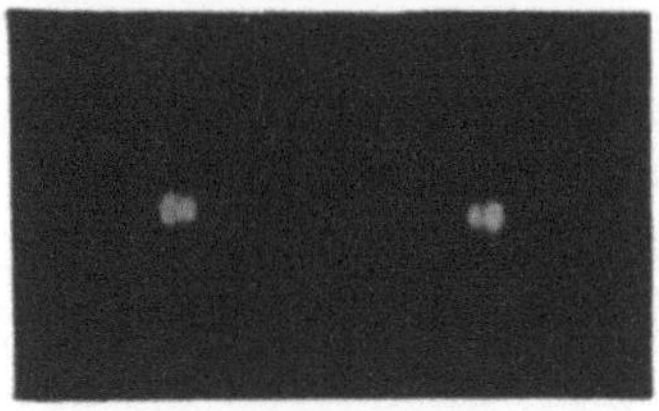

Verstr. 1:3,8

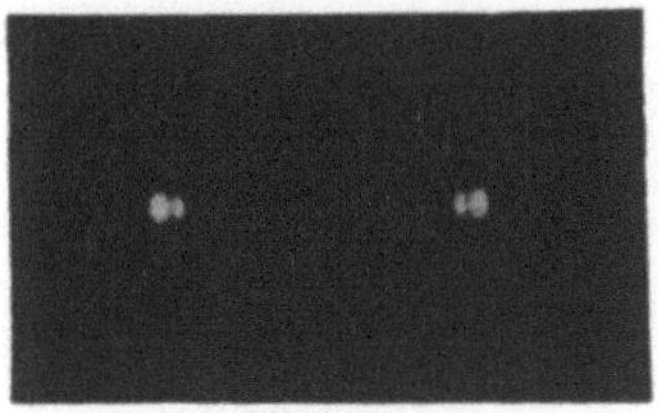

Verstr. 1:4,0

Abb 18. Röntgeninterferenzen einer Perlon-Verstreckungsreihe

Tafel 4

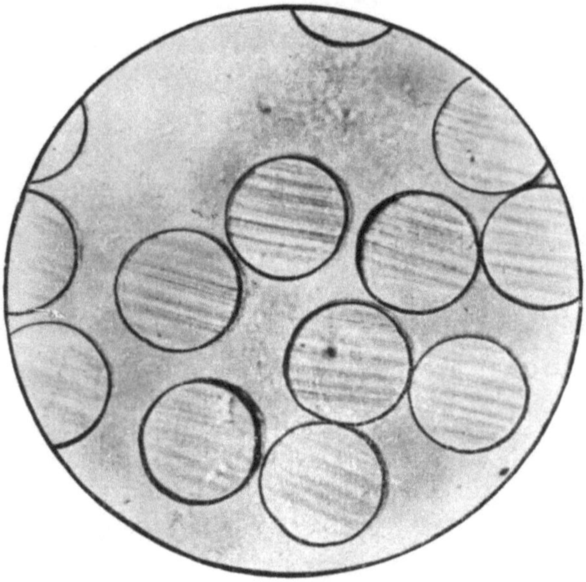

Abb. 26. Rundliche Querschnitte (Polycaprolactum)

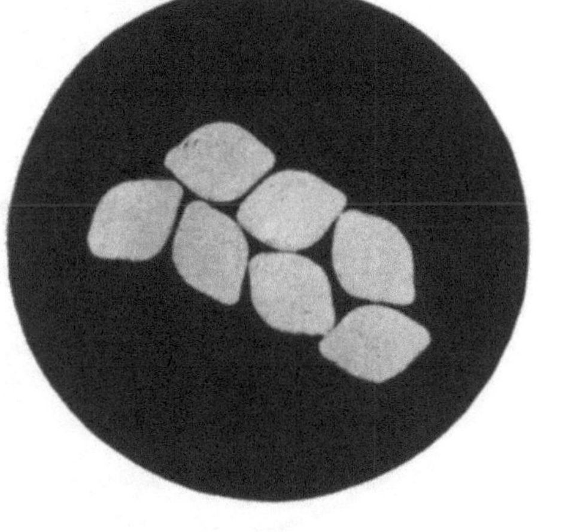

1

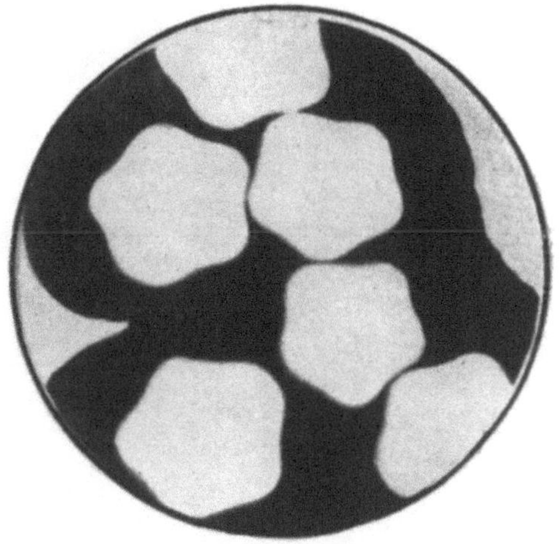

2

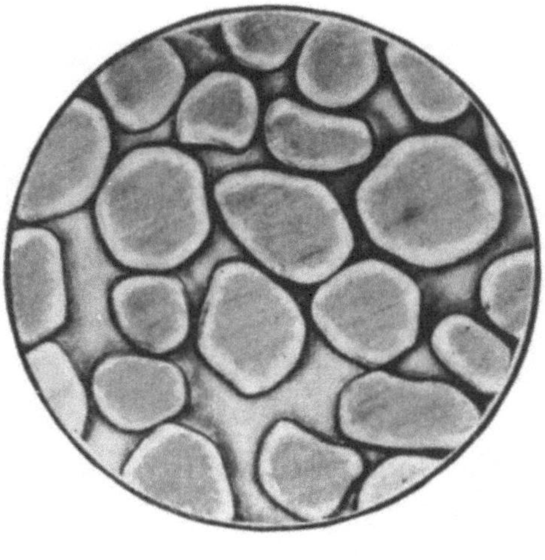

3

Abb. 27. Zitronen- und keilförmige Querschnitte (Polycaprolactam)

Tafel 6

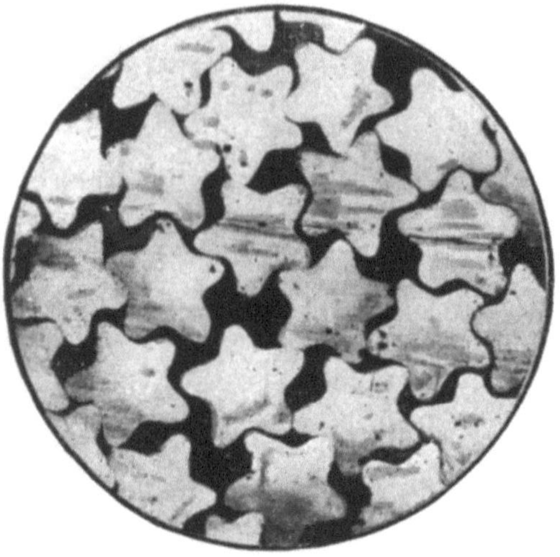

1

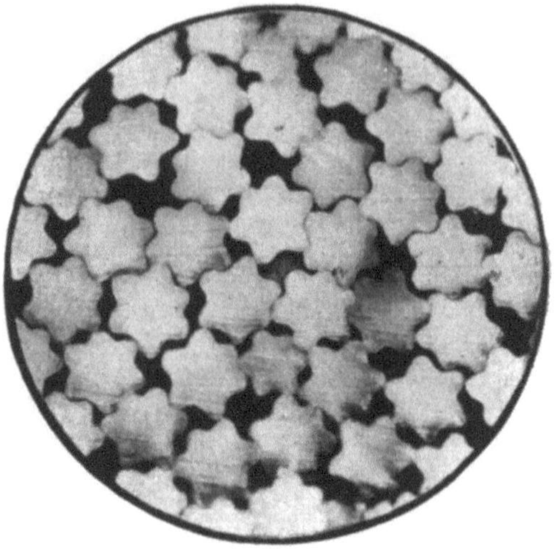

2

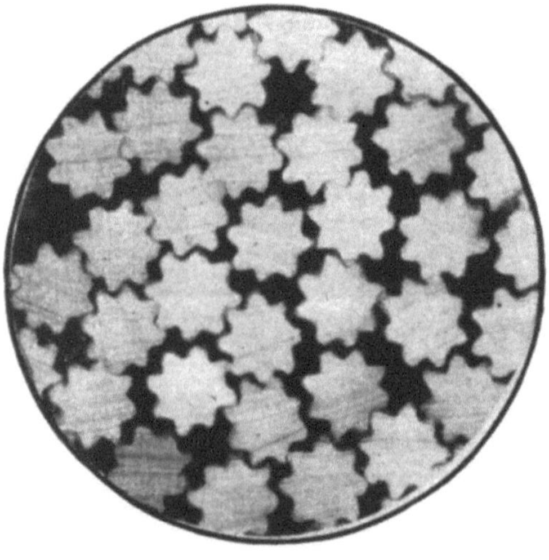

3

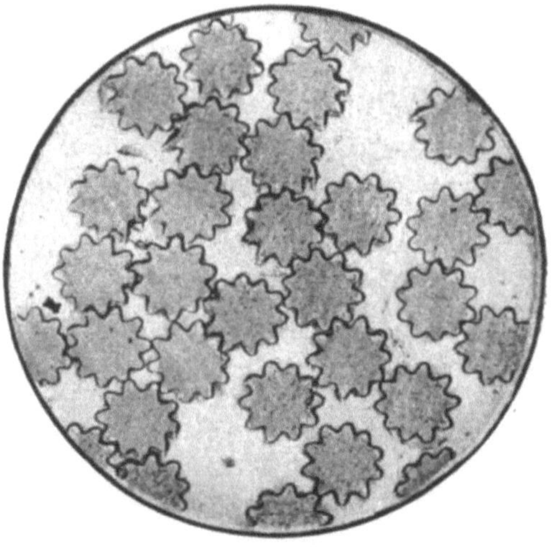

4

Abb. 28. Sternförmig gezackte Profilquerschnitte mit 5, 6, 8 und 10 Zacken (Polycaprolactam)

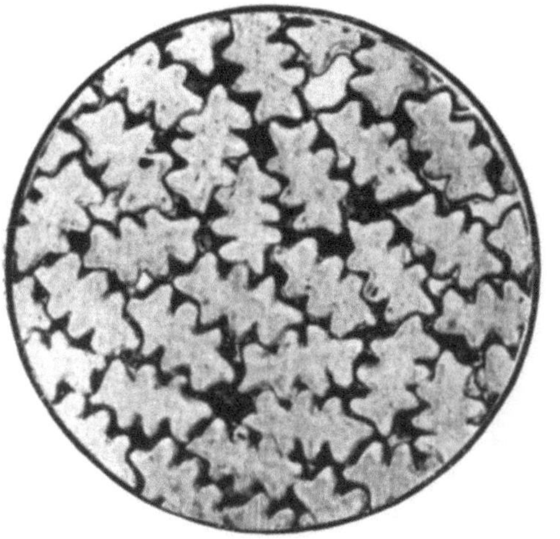

1

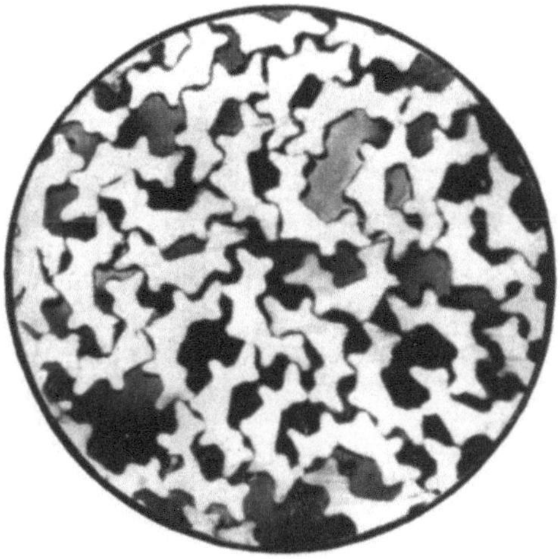

2

3

Abb. 29. Bändchen-, sichel- und bogenförmige Querschnitte (Polycaprolactam)

Tafel 8

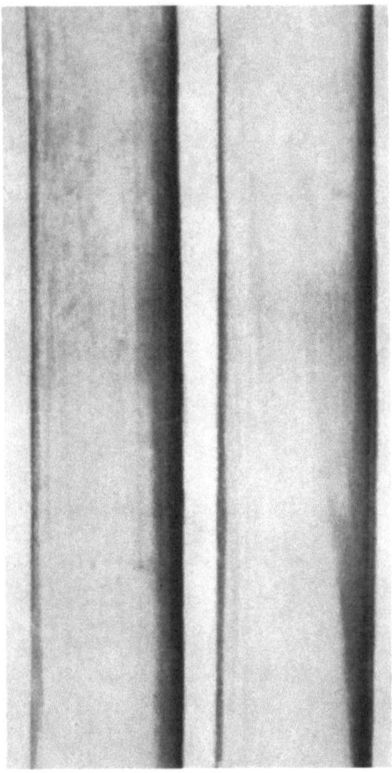

Abb. 30. Glatte (zylindrische) Faseroberfläche (Polycaprolactam)

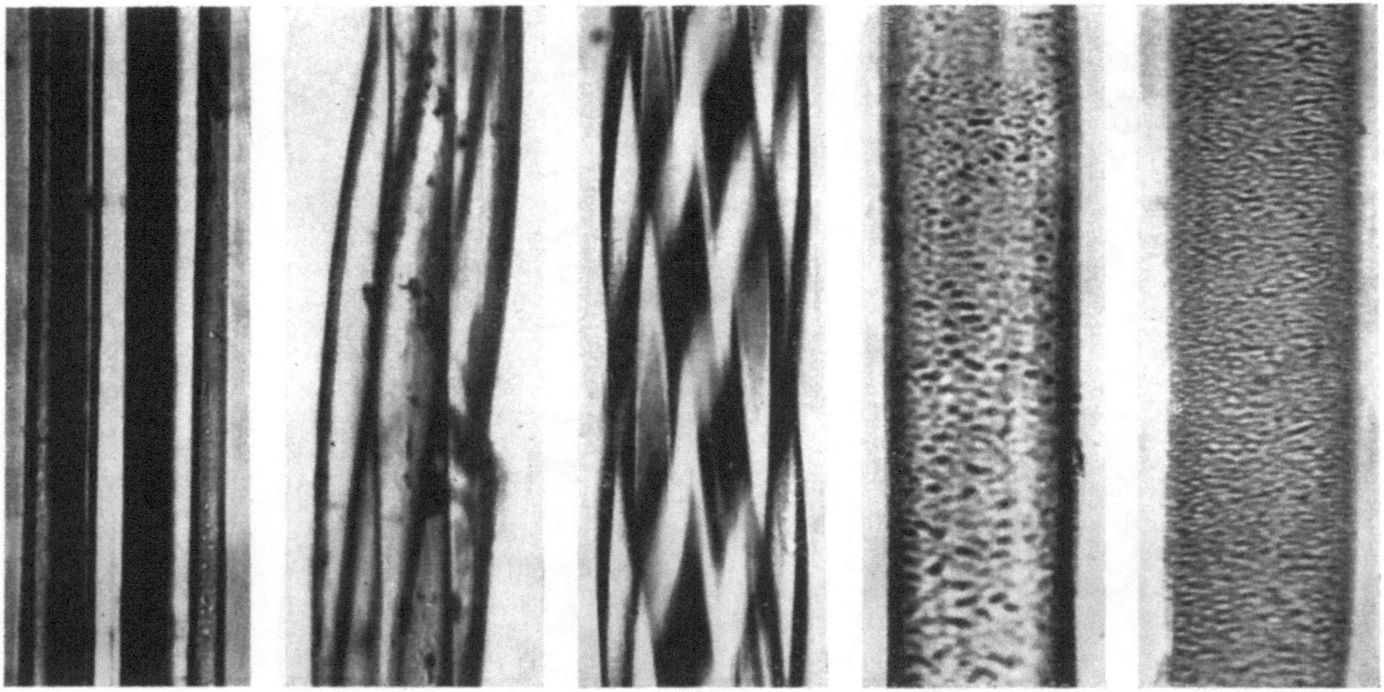

1 2 3 4 5

Abb. 31. Kannelierte, gedrillte und genarbte Faseroberflächen (Polycaprolactam)

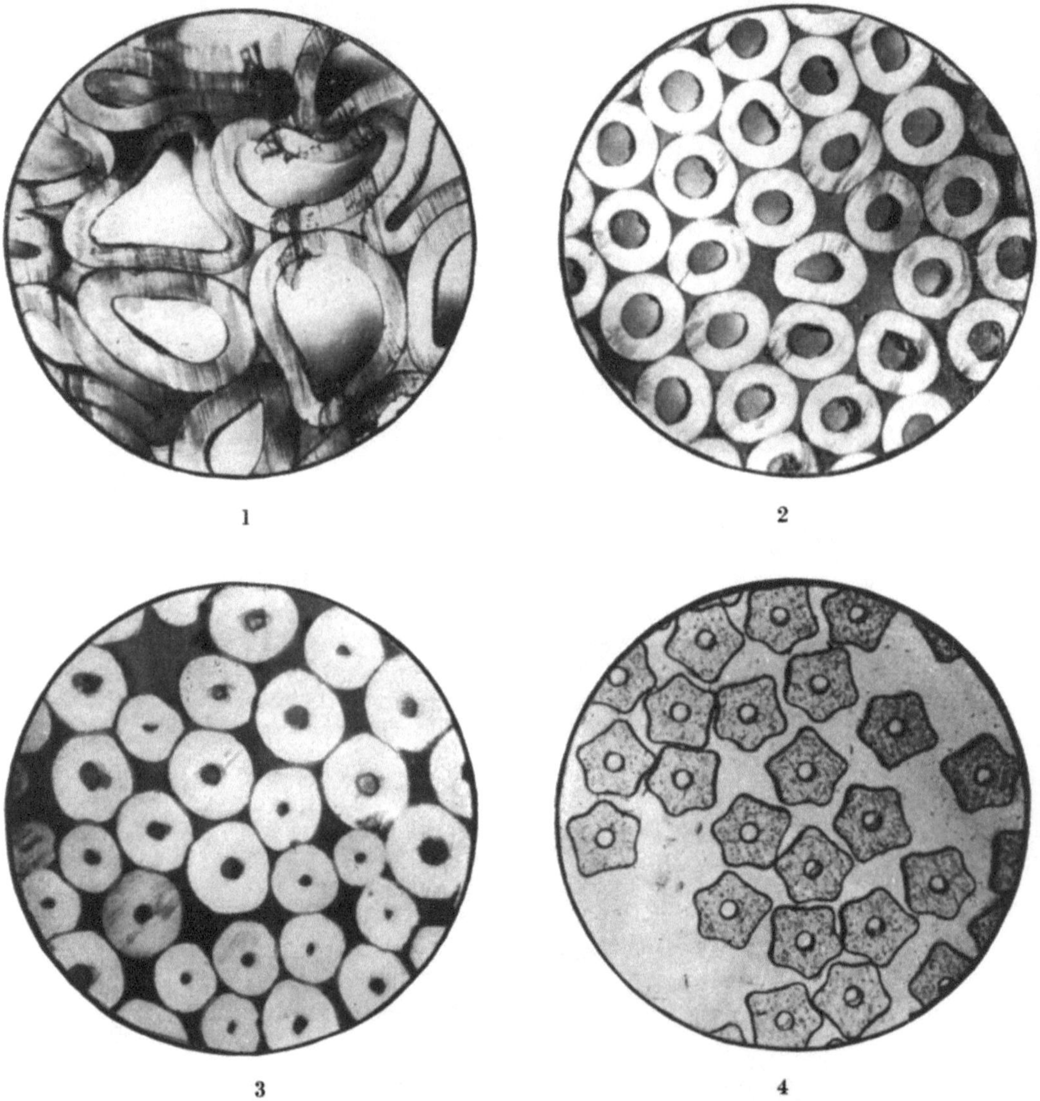

Abb. 32. Querschnitte mit verschieden starkem Lumen. Schnitt 4 zusätzlich profiliert (Polycaprolactam)

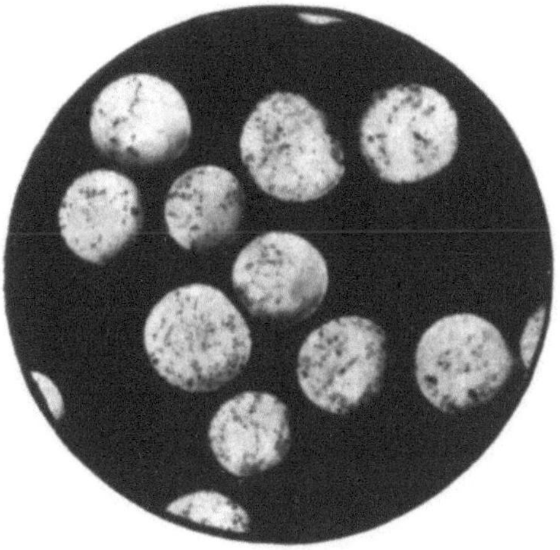

1

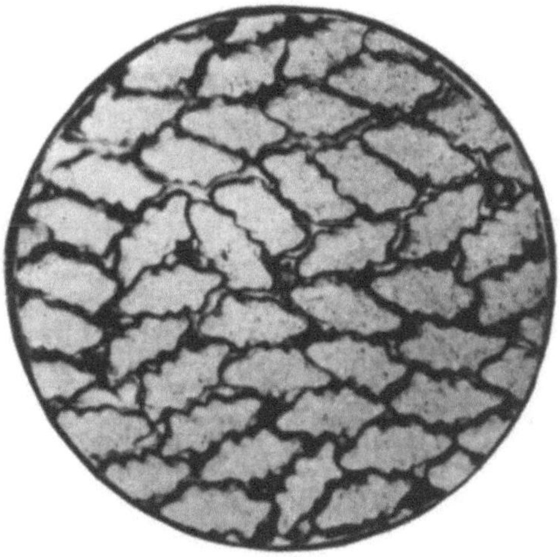

2

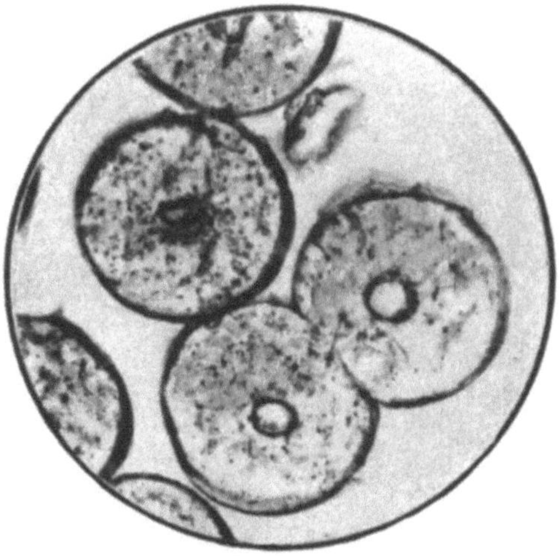

3

Abb. 33. Polyesterfasern mit runden und bändchenförmigem Querschnitt, sowie mit Lumen

Bei Fragen zur Produktsicherheit wenden Sie sich bitte an:
If you have any questions regarding product safety,
please contact:

Walter de Gruyter GmbH
Genthiner Straße 13
10785 Berlin
productsafety@degruyterbrill.com